TROUPES DE MARINE

Yves DEBAY

HISTOIRE & COLLECTIONS

Sur le champs de tir de Myriam à Djibouti, les "Cynos" de la 1er compagnie du 5ème RIAOM se préparent pour un exercice.

Préface

RÉPUBLIQUE FRANÇAISE

ARMEE DE TERRE

MINISTÈRE DE LA DÉFENSE

INSPECTION
DES TROUPES DE MARINE

le général

Caserne de Reuilly
Boîte postale 416
00482 Armées

Paris, le

L'évolution permanente des sociétés contraint chaque collectivité à une remise en question souvent vitale ; c'est pourquoi les Troupes de marine ont toujours su s'adapter au rythme de la modification des relations de la France avec ses anciennes colonies et, plus largement, les pays en voie de développement.

Plus peut-être qu'aujourd'hui, notre Patrie aura encore besoin demain de soldats capables de participer à des missions de maintien ou de retour à la paix, de rétablissement de relations internationales harmonieuses, de protection des populations... Pour concevoir et conduire ce type d'actions, il n'existe pas de règle intangible. La diversité des situations impose d'appliquer sur chaque « théâtre » les savoir-faire idoines. Les hommes en charge de ces délicates missions puiseront toute leur efficacité dans les savoir-être que leur confèrent l'expérience antérieure de l'outre-mer et la volonté d'ouvrir leur coeur aux autres.

« Leur mission est de défendre, au nom du bon sens, les intérêts qui leur sont confiés et non de les combattre au nom du règlement ». Ces instructions données par le Général GALLIENI, le 22 mai 1898, à ses principaux subordonnés sur la Grande Ile* résument bien « l'esprit Colo ».

Des hommes qui, toujours, devront apprendre, respecter, aimer, se faire aimer, partir sur l'instant pour combattre, puis reconstruire...

Par son talent et avec son coeur, Yves DEBAY a su montrer - et je lui en exprime toute ma gratitude - qu'au-delà de la simple intelligence de leur métier, les marsouins et les bigors des Troupes de marine ont une âme pour que, et au nom de Dieu... Vive la Coloniale !

Le Général de division Paul URWALD

* Madagascar

Introduction

Beyrouth, Al Salman, Mogadiscio, Sarajevo, et toujours le Tchad, Bangui, et le Rwanda. Ces guerres de fin de siècle, n'ont certes plus le souffle des épopées d'antant mais pourtant on y meurt... quelquefois en direct. Plus de la moitié de ces morts portaient le béret bleu frappé de l'Ancre d'or...

Le temps des canonnières est bien passé mais dans notre univers matérialiste et égoïste, des jeunes garçons de vingt ans, des sous officiers "ayant de la bouteille" et les grands "seigneurs" de la Colo sont toujours prêts... Ces hommes ne sont pourtant pas des dinosaures ou des aventuriers d'un autre âge.

Ils croient simplement en la France et à ses valeurs. A force de voyages et d'expériences ils savent que la démocratie se mérite et qu'il faut la protéger.

Toute la générosité du Pays de Voltaire, se retrouve dans les Troupes de Marine qui ont toujours su pratiquer une intégration basée sur le respect des qualités d'autrui et de la culture et non l'autoculpabilisation laxiste propre à une certaine génération. Au sein de la vieille Colo la France exige beaucoup mais donne également beaucoup et il en fut toujours ainsi.

Les Troupes de Marine, riches d'un passé de trois cent ans, par leur ouverture d'esprit, leur professionnalisme, et cette souplesse qui leur est propre seront les "troupes d'élite" du deuxième millénaire.

Cinq ans furent nécessaires à la réalisation de ce livre. Des sables d'Iraq aux neiges de Bosnie, des milliers de kilomètres, furent parcourus ; des torrents de poussière furent avalés... quelques bières aussi... quelquefois entre deux obus. Ces moments intenses, m'ont laissés des souvenirs inoubliables mais c'est surtout les qualités, de ces hommes... du simple Marsouin au Chefs de Corps, qui resteront dans ma mémoire. Ce livre qui représente une tranche d'histoire contemporaine de la "Colo" est un témoignage, sur la vie, l'uniformologie, les armes et les combats des Marsouins et Bigors de cette fin de siècle et il leur est dédié.

Yves Debay

Sommaire

Directeur de collection : Patrick Rivière
Conception et réalisation : Fabeco

ISBN : 2 908 182 53 X
Numéro de l'éditeur : 2 908 182
Dépot légal : 2ème trimestre 1996

Cet ouvrage est édité par **Histoires & Collections**
5, avenue de la République 75541 Paris cedex 11.
Tél : 01 40 21 18 20 - Fax : 01 47 00 51 11
Composé en France sur Macintosh Quadra 700
Photogravure : **Arrigo**
Achevé d'imprimer au 2ème trimestre 1996
à l'imprimerie **Herissey**

Bombardiers du Corps d'artillerie de la Marine en 1692. (Musée des TDM).

Histoire des

Le premier Consul et plus tard l'Empereur conserve sept brigades d'Artillerie de Marine qui s'illustreront particulièrement à Lutzen (1813) et durant les batailles marquant la fin de l'Empire. En 1822, Louis Philippe crée les 1er et 2ème de Marine qui se dédoubleront avec le développement des Colonies. En 1855 il existe quatre régiments d'infanterie et un d'artillerie de marine. Ce sont de très gros régiments avec 120 compagnies pour les marsouins et 27 batteries pour les Bigors. La plupart des unités actuelles des TDM se réclament de ces compagnies qui s'illustrèrent en Afrique, en Baltique et en Crimée (1855) en Extrême Orient et au Mexique (1863).

Deux cent ans de Gloire

La création des premières Troupes de Marine répond au besoin apparu au début du XVIIème siècle de disposer de soldats pour explorer, occuper, mettre en valeur et défendre les territoires que la France commençait à conquérir Outre-mer. Le cardinal de Richelieu crée en 1622, les cent compagnies de la mer qui en 1626 deviennent le régiment "de la Marine". Au fur et à mesure de l'extension du domaine colonial d'autres régiments sont créés : Régiment des Isles, Régiment des Galères, Régiment royal des vaisseaux...

A la fin du XVIIème siècle, Colbert fonde les compagnies franches de la Mer et un peu plus tard les compagnies de bombardiers de la Marine (1692). Les premières sont d'abord envoyées au Canada tandis que les secondes défendent les grands ports de France (Brest, Rochefort et Toulon) avant d'être embarquées pour le service de l'artillerie de bord.

Au milieu du XVIIIème siècle les premières troupes indigènes sont recrutées, avec les Cipayes aux Indes (1750) et les Laptots de Gorée au Sénégal (1765). Sous Louis XVI huit régiments de ports et huit régiments d'Outre-mer servent la France dans ses colonies. On y trouve même sous l'ancre de marine des régiments allemands, irlandais et suisses. Les Troupes de Marine servent brillamment aux Indes, durant la guerre d'Indépendance américaine et le Royal des vaisseaux est à Fontenoy. Sous la révolution, les régiments de la Marine passent au ministère de la Guerre et deviennent régiments d'infanterie.

Soldats des Compagnies Franches, sous les ordres de Montcalm au combat de Cheguen au Canada (1756). (Musée des TDM).

La "division Bleue" à Bazeilles. (1870). (Musée des TDM).

Bazeilles

En 1870, pour la première fois de leur histoire les TDM sont engagées au sein d'une même division, la division "bleue" commandée par le général de Vassoigne. Un débarquement est prévu sur les côtes de Prusse mais en fait c'est à Bazeilles, le 31 août et le 1er septembre que les marsouins, en perdant 2 600 hommes, entrent dans la légende en écrivant une magnifique et douloureuse page d'histoire contre les Bavarois. Le souvenir du combat de la "maison de la dernière cartouche" est depuis célébré avec faste, chaque année, par les unités des TDM.

Troupes de Marine

Colonne d'infanterie coloniale en Afrique Equatoriale vers 1900.

L'épopée coloniale

Avec fougue et générosité, les TDM et la Légion Etrangère vont se lancer dans la création de l'Empire Colonial voulu par la IIIème République. L'épopée n'est pas uniquement impérialiste. S'ils font souvent le coup de feu, Marsouins, Bigors et Légionnaires bâtissent, pacifient, cultivent, soignent, développent et combattent l'esclavagisme. A Madagascar, au Maroc, en Algérie, en Indochine et en Afrique Noire une race de grands "coloniaux" naît avec Faidherbe, Galliéni, Mangin, Marchand ou Lyautey. Ils répondront présents lors de la première guerre mondiale tant avec les troupes métropolitaines qu'avec les troupes indigènes.

Un Half Track du RMT traverse un village Alsacien libéré à l'automne 1944 (photo RMT).

Les deux guerres mondiales

Les coloniaux écrivent durant la "Grande Guerre" tant de pages de gloire qu'il est impossible de les citer sans commettre d'injustice ni d'oubli. Une de leurs formations, le Régiment d'Infanterie Coloniale du Maroc y gagne le titre de régiment le plus décoré de France. Les unités venues d'Outre-mer ne sont pas en reste : le 43ème Bataillon de Tirailleurs Sénégalais, le Bataillon de Tirailleurs Somalis et le 12ème Malgache sont parmi les plus glorieux. 25 000 soldats de race noire ont donné leur vie pour défendre la patrie. Entre les deux guerres, au Levant et au Maroc, les régiments coloniaux tiennent leur place au milieu de l'Armée d'Afrique. Une mention toute particulière est à faire au 5ème RTS qui déploie des prodiges d'héroïsme dans le Rif. Durant la campagne de mai-juin 40, les coloniaux peuvent garder la tête haute et combattent avec la même détermination que leurs anciens. Ils paient cher la défaite d'une armée française aux conceptions stratégiques dépassées puisque 40 % des troupes coloniales engagées sont détruites. Beaucoup d'entre eux répondront à l'appel du 18 juin et la 1ère Division Française Libre, puis le Corps Expéditionnaire Français en Italie, la 2ème DB ou la 1ère Armée compteront de nombreuses unités issues de la "Colo". A Bir Hakeim le régiment de Marche du Pacifique se couvre de gloire tandis que de Koufra à Strasbourg le RMT respecte son serment.

La guerre froide

L'après-guerre est marquée par la décolonisation et la guerre froide qui par peuples interposés opposera le monde libre aux communistes soviétiques et chinois. Pendant dix longues années, les parachutistes coloniaux, le RICM et de nombreuses autres formations coloniales combattront sur le sol indochinois dans une guerre oubliée du public et ce, pour beaucoup d'unités, jusqu'au sacrifice suprême de Dien Bien Phu. Après avoir arpenté les rizières, les coloniaux crapahutent dans les Djebel où des chefs comme Bigeard inventent le combat aéromobile. En 1958, les Troupes Coloniales deviennent Troupes de Marine et assurent avec efficacité et douceur le délicat transfert de souveraineté au moment de l'accession à l'indépendance de nombreux pays africains. Aujourd'hui avec la Légion Etrangère, les Troupes de Marine restent le principal outil de gestion de crises de la République et les 30 000 hommes qui les constituent en font plus que jamais une force cohérente adaptée aux missions d'assistance et d'intervention.

Le 6ème BPC à Dien Bien Phu en 1954 (ECPA).

Les TDM aujourd'hui

Héritières d'un passé prestigieux et d'un savoir faire tricentenaire, les Troupes de Marine, constituent au sein de l'Armée de Terre, un outil de combat indispensable à la Nation. Les grandes mutations qui, depuis l'écroulement du Pacte de Varsovie, touchent l'Armée de Terre et qui ont entraîné une réduction de la moitié des effectifs, ont, heureusement, relativement peu affecté les Troupes de Marine.

Malgré une remise en question de l'Arme au début des années quatre-vingt dix, le conflit du Golfe, les interventions africaines et les missions de maintien de la Paix dans les Balkans et en Asie ont démontré la compétence, l'efficacité et la disponibilité des Marsouins et Bigors, tant engagés qu'appelés. Le domaine d'action, la spécificité, le haut niveau de professionnalisation, l'excellence des unités ainsi que leur brillant passé ont ainsi préservé l'existence des Troupes de Marine.

Sous la houlette du Général Commandant Inspecteur des Troupes de Marine et qui dépend lui-même directement du Chef d'Etat-Major de l'Armée de Terre, 18 Régiments, 6 bataillons et diverses formations indépendantes offrent à la France, un ensemble des plus expérimentés, présent sur les cinq continents. Outre ces formations, les Troupes de Marine, possèdent également quatre régiments et plusieurs groupements du Service Militaire Adapté qui donnent aux appelés des DOM-TOM, l'occasion d'apprendre un métier lors de leur passage sous les drapeaux.

Six Centres Mobilisateurs et treize régiments de réserve sont également suivis par l'Inspection des Troupes de Marine.

Pour leur mission de combat, tant outre-mer qu'en Métropole, les TDM bénéficient d'un armement sophistiqué et adapté au terrain, qui en font des formations souples et bénéficiant d'une puissance de feu exceptionnelle.

A l'heure ou ces lignes sont écrites, le Président de la République a pris la décision de professionnaliser l'Armée de Terre. Dans cette nouvelle Armée de l'an 2000, les Troupes de Marine auront un rôle important à jouer et, comme par le passé, Marsouins et Bigors seront prêts à relever tout les défis.

Chevauchée dans le désert pour ces Sagaies et ce VLRA du 5ème RIAOM à Djibouti.
Pour remplir leur mission, les TDM disposent de matériel parfaitement adapté au terrain.

Insigne de l'inspection des Troupes de Marine.

Un entraînement incessant amène les TDM à un haut niveau opérationnel. Ici la SML (section mortier lourd) du 3ème RIMa en camp de tir à Mailly avant un départ en Bosnie

Avec cinq régiments de parachutistes, dont trois professionnalisés, les TDM possèdent au sein de l'Armée de Terre d'une capacité d'intervention immédiate. Ici des marsouins paras du 8ème RPIMa près de Castres

41ème BIMa
33ème RIMa
9ème RIMa
43

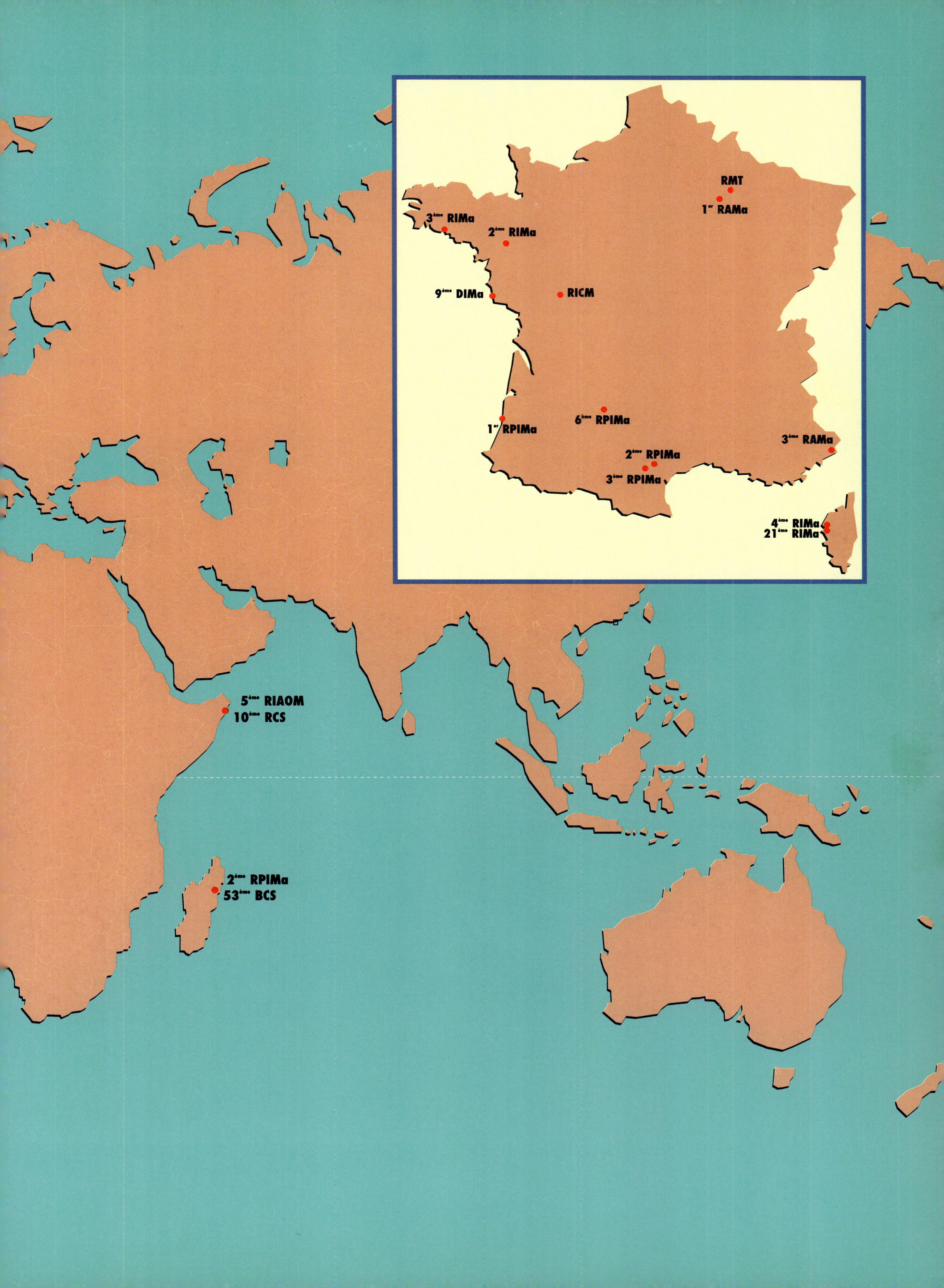
RMT
1er RAMa
3ème RIMa
2ème RIMa
9ème DIMa
RICM
1er RPIMa
6ème RPIMa
3ème RAMa
2ème RPIMa
3ème RPIMa
4ème RIMa
21ème RIMa
5ème RIAOM
10ème RCS
2ème RPIMa
53ème BCS

La Mission (en Métropole)

L'écroulement du bloc soviétique a considérablement réduit les risques d'affrontements généralisés en Europe centrale et désormais les forces armées occidentales disposent d'un glacis constitué par les anciens pays du Pacte de Varsovie. Ceci augmente de façon sensible les préavis d'alerte. Cette situation a bouleversé la majeure partie des forces armées occidentales qui ont ainsi vu leurs effectifs et leurs crédits se réduire considérablement.

Néanmoins l'éclatement de l'Union Soviétique, le sentiment d'humiliation qui s'en est suivi et la montée de nationalismes ont accentué le risque de conflits locaux pouvant facilement dégénérer en guerres ouvertes et ou tôt ou tard la France pourrait être impliquée. La crise en ex-Yougoslavie en est le triste exemple.

Aussi l'Armée de Terre malgré d'importantes réductions d'effectifs se doit de se préparer à divers type de mission en environnement Centre Europe allant du combat mécanisé classique à des interventions de maintien de la paix ou d'interposition. Les Troupes de Marine basées en Métropole s'entraînent bien sûr intensivement à ces types de missions. Nous pouvons distinguer deux grands types d'unités. Les régiments d'appelés attachés à la 2ème DB et qui fournissent des troupes au corps de bataille mécanisé et les unités de la FAR (Force d'Action Rapide) souvent professionnalisées. Les missions de la FAR en environnement Centre Europe n'ont guère varié et se limitent aux coups d'arrêt antichars ainsi qu'aux combats dans les localités ou en terrain difficile.

Les TDM attachées à la FAR mais aussi le RMT (Régiment de Marche du Tchad) et le 1er RAMa ont effectué de nombreux mandats au sein des forces de l'ONU dans l'ex-Yougoslavie.

Les TDM contribuent également à l'instruction des recrues qu'elles soient de l'Arme dans le cas du 4ème RIMa de Fréjus ou destinées à l'artillerie pour le 3ème RAMa stationné à Canjuers.

Un canon de 20 mm est servi par des paras du 3ème RPIMa. Chaque régiment d'infanterie possède dans sa CEA, une section de six de ces canons apte au tir antiaérien ainsi qu'au combat en localité.

L'équipage d'un VAB MILAN du 3ème RIMa a revêtu ses tenues NBC et observe l'approche de l'ennemi lors d'un camp d'entraînement à Mourmelon. En centre Europe c'est dans cette configuration que combattraient les TDM.

Les Missions (Outre-mer)

Dès leur création au XVIIème siècle, les troupes de Marine furent appelées à servir sur les vaisseaux du Roy et dans les Colonies. De nos jours la France n'a plus d'Empire mais garde des Départements et Territoires d'Outre-mer. Elle entretient aussi des relations privilégiées avec d'anciennes possessions devenues indépendantes et qui ont conservé des liens économiques, affectifs et militaires avec l'ancienne puissance coloniale. Héritières des gardiens de l'Empire, les Troupes de Marine, constituent bien sûr la majorité des effectifs dont dispose l'Armée de Terre dans les DOM-TOM ainsi que dans les pays qui nous sont liés par des accords mutuels de défense. Tout comme pour leurs grands anciens, la mission des Marsouins Outre-mer n'est pas seulement militaire mais également culturelle et économique. Récemment le président Ivoirien, Monsieur Konan Bedie déclarait au Président de la République, Jacques Chirac.

"L'assistance militaire française et le maintien de garnisons permet à nos pays de se libérer de charges financières importantes ce qui bien sûr contribue à notre développement et à notre stabilité".

Grâce aux DOM-TOM et aux liens d'amitié avec bon nombre de pays, la France pourra sans doute offrir à l'Europe du 21ème siècle, des atouts considérables dans le domaine de la haute stratégie avec Dakar et Djibouti, de l'espace avec la Guyane et de l'Atome et des ressources sous marines avec la Polynésie.

Loin d'être le témoin d'un passé brillant et révolu, les TDM par leur connaissance de l'Outre-mer sont à la pointe de l'histoire contemporaine et leur présence permanente sur les cinq continents est une garantie pour les intérêts locaux, français et à plus long terme européens. Douze grandes unités, soit à peu près 4 000 hommes servent en Afrique, aux Antilles, en Guyane, dans l'Océan Indien et dans le Pacifique. En cas de menace contre les intérêts français ou dans le cadre du respect d'accords de défense bilatéraux, ces unités seraient rapidement renforcées par des unités de la FAR venues de Métropole.

Ci-contre à droite : Patrouille fluviale du 6ème BIMa, non loin des raffineries de Port-Gentil au Gabon. La protection des intérêts français est une des missions de bases des TDM Outre-mer.

L'outre-mer reste un terrain d'entraînement que nous envient bien des Forces Armées. Ici des légionnaires du 3ème REI sont saisis sur le parcours du CEC de Fort de France géré par le 33ème RIMa à la Martinique.

Les Hommes

30 600 hommes servent la France au sein des Troupes de Marine, sous le béret bleu à l'ancre d'or, et toutes les races y sont représentées. L'héritage "colonial" est toujours là et le grand nombre de "gens de couleur" présents dans les rangs des troupes de Marine démontre son attachement à la République et à ses valeurs.

1 885 officiers assurent le commandement de l'Arme. Les chefs de Corps ont bien sûr une position privilégiée. Avec une moyenne d'âge de 45 ans, ce sont des hommes dynamiques menant souvent leur régiment comme une entreprise de pointe tout en y insufflant un "Esprit de Corps" bien particulier aux TDM. Pour employer un langage contemporain nous pouvons affirmer qu'un colonel de la "Colo" est un "battant qui fait tourner sa boutique à 200 à l'heure". Le "chef" est un homme moderne, tacticien et gestionnaire, capable d'improviser une conférence de presse sur le terrain, ou d'entamer une négociation difficile... ce qui ne gène en rien le recours au courage et au panache, vertu traditionnelle de l'Arme. En 1992, le Colonel Sartre Commandant du RICM, pistolet au poing fait face à des miliciens excités ; trois ans plus tard à quelques kilomètres de là, le colonel Thonier, commandant le 2ème RIMa, sous les obus de mortier dégage des camions en flamme sur la piste d'Igman... Ainsi sont les chefs de Corps dans les Troupes de Marine.

Les Lieutenants Colonels et Commandants, moins souvent sous les feux de la rampe sont néanmoins les "courroies de transmission" de l'Arme. Patron du bureau opérations, officier supérieur adjoint, responsable de l'entraînement ou de la logistique... ils sont des dizaines à programmer, calculer, ravitailler ou planifier mais cela ne nuit nullement à l'action sur le terrain comme me le rappelle le souvenir de ce commandant du 1er RAMa "pétant des flammes" en Bosnie après avoir servit à Djibouti. Les capitaines sont en général de jeunes et grands seigneurs, mûri un peu trop vite.

A trente ans, ils ont des responsabilités énormes. Meneurs d'hommes ils donnent un style et une vie à leur compagnie. Un portrait, celui du capitaine Lecointre, patron des "forbans" du 3ème RIMA et héros de Vrbanja. Malgré les feux de l'actualité et l'obtention de la Légion d'honneur, il est resté tel que je l'avais connu au Rwanda. Grand et mince, calme et sûr de lui, un peu distant, un mélange d'aristocratie, de savoir et de force tranquille... ses

Combiné radio en main, le Lieutenant Colonel Pietrantonni, commandant le 41ème BIMa étudie la situation avec son chef de bureau opération. Ce jeune officier supérieur est le type même des "Chefs de Corps" Colo.

Cet officier parachutiste qui lit sa carte sur le Mont Igman en Bosnie est le "patron" des "Coyottes" de la 4ème Cie du 8ème RPIMa.

hommes le suivraient en enfer. La description de la race des Lieutenants et Sous Lieutenants de la "Colo" mériterait à elle seule un livre. Une solide pointe d'ironie à laquelle se mêle l'insolence propre à leur grade caractérise la race des jeunes chefs de sections. Pourtant ils sont toujours prêts à donner le meilleur d'eux même avec une fougue de Cadet de Gascogne. Leurs frasques et leur impétuosité cachent souvent un grand talent et tout chef d'Etat-Major fut un jour Sous-Lieutenant.

Je n'ai jamais su son nom, ni son unité mais jamais je ne l'oublierai. C'était à Abéché au Tchad dans les années quatre-vingt. Une "trogne" burinée par le soleil d'Afrique, un chèche noué autour d'un "cou de taureau" et un vieux képi cabossé frappé de l'ancre identifiait l'"adjudant". Pourtant malgré sa gueule de lansquenet, notre homme n'était qu'un infirmier isolé en plein désert ; Avec un vieux chirurgien alcoolique allemand, il "tenait", dans des conditions épouvantables, l'hôpital d'Abéché et souvent l'équipe accomplissait des miracles dans ce pays oublié de Dieu. Certes "l'adjudant" n'avait pas beaucoup fréquenté les amphithéâtres des grandes facultés mais retirer de la ferraille d'un abdomen ravagé ou accoucher une "mama" sur une plate forme de camion... il savait faire ! Jeune sergent, il avait "commencé" dans une antenne chirurgicale de campagne au Biafra... cela forme !

Coupe-coupe au poing, un Lieutenant de la Compagnie antichar du 1er RIMa crapahute à la tête de sa section dans la jungle, lors d'une "tournante" en Guyane.

Toute la "Colo" en une image se retrouve dans le visage buriné de ce sous-officier en poste à Abéché au Tchad.

Le Corps des Sous-officiers des TDM est à l'image de cet infirmier des sables... Pas d'esbroufe mais un savoir faire doublé d'un désintéressement total !

6 700 Sous-officiers servent sous l'Ancre d'Or

Présents et disponibles à tous les échelons, ils assurent la bonne "marche" de l'Arme.

Leur franc-parler, leurs compétences techniques et leur connaissance des hommes, en font des interlocuteurs privilégiés pour le commandement. Il existe également cette cohésion et cette chaleur humaine... unique qu'on ne peut que ressentir lors d'un pot à la popote des "chefs" ou lorsqu'un jeune sergent partage sa ration avec vous.

Et puis il y a les Marsouins et Bigors, soit 10 000 engagés et 12 700 appelés ou volontaires pour un service long. Enfants d'une fin de siècle difficile, ils ne se sont pas tous engagés pour la gloire et l'aventure !

Un mur d'expérience et de médailles ! Les sous officiers du 23ème BIMa défilent lors d'une prise d'arme à Dakar.

"Bon Sang, ne saurait mentir !"
Un jeune appelé sert
dans l'infanterie mécanisée au RMT.

Pourtant ces gosses venus de tous les milieux, représentent ce qu'une nation a de mieux, la jeunesse, sa fougue et sa générosité.

En mai 1995, sur le poste de Brezovaca en Bosnie, quatorze garçons de 18 ans tiennent sous un bombardement d'enfer, pendant deux semaines dans des trous de combat remplis d'eau. Un obus de gros calibre a détruit la zone vie. Sacs de couchage et matériel de chauffage sont en pièce. Lors d'une accalmie ces marsouins non professionnels du RMT refusent d'être relevés !

Beaucoup n'oublieront pas le visage un peu cabochard du marsouin, Jacky Humblot, tombé pour la France à Vrbanja alors qu'il venait de fêter ses 18 ans.

C'est cela les Troupes de Marine et ces jeunes marsouins qui n'ont connu ni la rizière, ni le Djebel prouvent qu'ils sont à la hauteur des "grands anciens".

"C'est dur de devenir para colo !"
Un jeune engagé du 3ème RPIMa "en bave"
sur une piste commando lors de ses classes
à Carcassonne.

L'esprit "Colo"

Par principe un état d'esprit ne se réglemente pas et ne peut s'acquérir du jour au lendemain. Il obéit à différents critères qui en font son originalité. Plus de trois cents ans de sueur et de sang, mais également d'enrichissement permanent ont façonné l'"esprit Colo". On a souvent opposé la rigueur de la "vieille Légion" à une apparente décontraction présente au sein des Troupes de Marine... C'est bien mal connaître la "Colo" et ses détracteurs devraient se rappeler qu'on ne commandait pas un wurtembourgeois ou un polonais comme un tirailleur sénégalais ou un supplétif annamite. De nos jours rien n'a réellement changé et les TDM aiment à entretenir la souplesse des relations humaines qui forme cet esprit si particulier. On s'y tutoie certes mais cela n'empêche pas les marsouins de monter à l'assaut avec fougue aux cotés de leurs officiers comme au pont de Vrbanja ou à Rochambeau. L'esprit "colo" ne se décrit pas mais se vit et s'entretient tout au long d'une carrière.

C'est un savoir être

Pousser une jeep dans un marigot sous une pluie tropicale, serrer les dents en attendant le prochain obus dans un faubourg de Sarajevo, se "défoncer" dans un cross, "bouffer du sable" lors d'une progression de nuit dans le désert, soigner un gosse au Rwanda, grelotter lors d'une garde dans les camps de l'Est ou écouter le son d'une guitare sur une plage sont le quotidien du Marsouin. Ces moments intenses ne seront jamais oubliés et contribueront à entretenir la légende et le noble esprit de la "Colo".

"Montrer les Couleurs" fut de tout temps un des privilèges des TDM, comme ici le fait un piroguier attaché au 9ème RIMa sur le fleuve Maroni en Guyane.

Avant tout le Marsouin est un soldat d'élite, comme ici ce tireur d'élite du 8ème RPIMa qui veille derrière son FR-F1 durant une longue nuit sur le terrain.

Soigner et protéger est une des "raisons d'être des TDM". Ici un Marsouin du 3ème RIMa "est aux prises" avec un bébé ruandais lors de l'opération Turquoise en 1994.

Diversité et fonctions

Infanterie

Dans la plupart des cas, le soldat engagé ou appelé dans les Troupes de Marine est un fantassin qui peut être mécanisé, motorisé ou parachutiste. En Métropole à l'exception du RMT, mécanisé, les 2ème, 3ème et 21ème RIMa sont de grandes unités utilisant le Véhicule de l'Avant Blindé tandis que les paras du 3ème, 6ème et 8ème RPIMa, quant ils ne sont pas aéroportés ou héliportés, emploient des véhicules tactiques légers (1). Le régiment d'infanterie français se compose d'une Compagnie de Commandement et Soutien (CCS) d'une Compagnie d'Eclairage et d'Appui (CEA) et de quatre Compagnies de Combat (CC) auxquelles s'ajoute pour certains régiments une Compagnie d'Instruction. Outre-mer la composante infanterie est majoritaire au sein des 6ème, 23ème, 41ème, 43ème BIMa, du 9ème et 33ème RIMa, du RIMAP/NC, du RIMaP, et du 2ème RPIMa. Toutes ces unités sont renforcées par des compagnies "tournantes" venues de Métropole et qui n'appartiennent pas toujours aux TDM. Le 5ème RIAOM à Djibouti ne comprend qu'une compagnie d'infanterie.

L'armement léger du Marsouin se compose du FAMAS, du fusil de précision FR-F2, des mitrailleuses AA-52 et Browning 50 ; Dans certaines unités attachées à la FAR on trouve la mitrailleuse légère Minimi et les fusils de précision de gros calibre Mc Millan, Barret ou Hecate. La capacité antichar est redoutable avec le LRAC de 89 mm, l'APILAS de 120 mm et le missile MILAN.

Le nouvel Eryx, capable d'être tiré à partir d'un endroit clos sera également bientôt en dotation. Les mortiers de 81 mm et surtout ceux de 120 mm assurent aux fantassins "colo" un appui feu non négligeable.

(1) Les régiments parachutistes disposent désormais d'une compagnie sur VAB.

Un parachutiste du 6ème RPIMa a pris position lors d'un exercice inter-régimentaire. Equipé d'une solide tenue en Goretex le mettant à l'abri des intempéries et armé du traditionnel FAMAS, l'homme montre l'aspect type du combattant français en cette fin de siècle.

Un groupe de marsouins du 23ème BIMa a pris position dans la brousse saharienne non loin de Dakar. Les hommes équipés de chèches sont armés d'un LRAC de 89 mm et de FAMAS.

Le Marsouin est surtout un fantassin motorisé. Ici les "rapaces" de la 1ère compagnie du 21ème RIMa, débarquent d'un VAB.

"Blindés Colos"

C'est par ce terme et non celui de "cavalier" que sont officieusement dénommés les soldats des Troupes de Marine servant AML-90, ERC-90 Sagaie, AMX-10 RC et AMX-30 B. En Métropole deux prestigieux régiments, le RICM et le 1er RIMa sont le fer de lance de la 9ème DIMa. Chacun de ces régiments comporte trois ou quatre escadrons sur AMX-10 RC, un escadron VAB-HOT et un escadron de commandement. Pour les missions Outre-mer ou ONU les deux unités utilisent l'AML-90 ou l'ERC-90 Sagaie. Les seuls chars de combat en service dans les Troupes de Marine sont les AMX-30 B du RMT. On trouve un escadron d'AML au sein du RIMaP en Nouvelle Calédonie et des pelotons de ce blindé ancien mais parfaitement adapté à l'Afrique au 6ème, 23ème et 43ème BIMa. Le 5ème RIAOM dispose de deux escadrons d'ERC-90 Sagaie.

Régiment blindé colo par excellence, le RICM est de toute les actions. Ici un équipage AML est vu au Rwanda durant l'opération Turquoise.

Alliant mobilité et puissance de feu, l'AMX-10 RC est un des meilleurs engins blindés au monde dans sa catégorie. Les obus flèches de son canon ne laissant aucune chance à l'adversaire. Le "10 RC" équipe le RICM et le 1er RIMa. Ici un blindé du RICM.

Artillerie

Trois régiments d'artillerie sont intégrés aux Troupes de Marine, les 1er, 3ème et 11ème RAMa. L'organisation de ces formations est décrite plus loin. Outre-mer le RIMa P/NC et le 5ème RIAOM alignent une batterie sol-sol. Les principaux matériels utilisés sont l'AUF-1 et le TRF-1 en Métropole et le BF-50 de 155 mm ou l'obusier US HM-2 de 105 mm Outre-mer.

Le missile antiaérien SATCP "MISTRAL" est en service dans les batteries sol-air du 11ème RAMa et du 5ème RIAOM. On trouve également une section MISTRAL au sein du 33ème RIMa de Fort de France.

Un jeune pointeur du 5ème RIAOM, est derrière la lunette de visée d'un obusier US-HM-2 lors d'un exercice à Djibouti.

Engagés dans le Golfe, lors de l'opération Daguet, les Bigors du 11ème RAMa vont être les premiers à ouvrir le feu lors de l'offensive terrestre.

Equipage d'un Buggy du 1er RPIMa . Ces hommes sont entraînés pour opérer derrière les lignes ennemies.

Tireur d'élite du 1er RPIMa. Pour la photo le fusil de précision Hecate en 12,7mm n'a pas été camouflé.

A 8000 mètres, au dessus de l'île de la Réunion, un CRAP du 2ème RPIMa est vu dans son éléments.

Le combat moderne ne peut se concevoir sans haute technologie. Ici un spécialiste radar du 11ème RAMa monte des antennes radio sur l'abri d'un radar Samantha.

Les Troupes de Marine comportent également de nombreux spécialistes : les CRAPS des différents RPIMa, les transmetteurs, radaristes, transporteurs, logisticiens ou personnels médicaux servent également sous l'Ancre d'Or. Le 9ème RCS ainsi que les 10ème, 42ème et 53ème BCS assurent une logistique sans faille aux unités de combat.

Dans la nuit africaine, un homme veille : transmetteur du 9ème RCS en permanence lors de l'opération Turquoise.

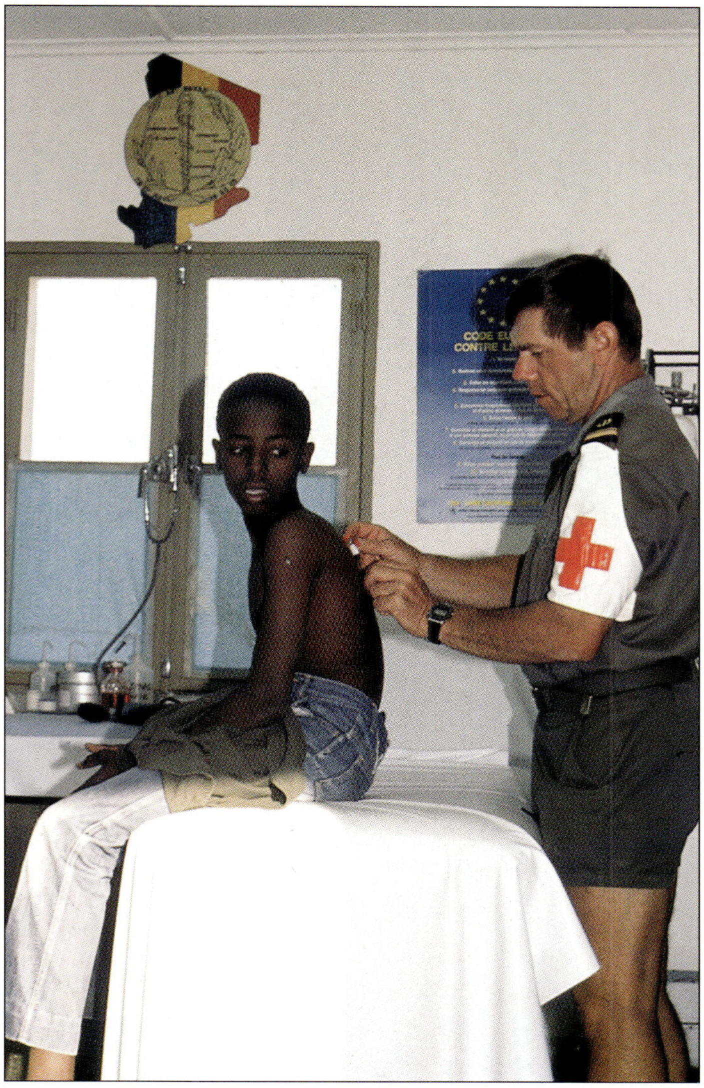

Séance de soins à l'infirmerie du camp d'Abéché au Tchad durant l'opération Epervier.

Traditions

Comme toute Arme d'élite, les Troupes de Marine, cultivent des traditions propres et dans lesquelles ses membres se reconnaissent. Le Général Inspecteur des Troupes de Marine en est l'unique gardien vis-à-vis du Chef d'Etat-Major de l'Armée de Terre et le fabuleux Musée des Troupes de Marine situé à Fréjus, en est l'écrin. Outre le rôle joué par les Chefs de Corps dans le maintien et le respect des traditions, chaque régiment des TDM dispose d'un officier "Traditions" chargé de les faire respecter. Un vocabulaire bien particulier est propre aux Troupes de Marine ; voici les définitions des termes les plus usités.

MARSOUIN : Lorsque en 1856 l'Infanterie de Marine abandonne le service des armes des vaisseaux aux fusiliers marins, ses unités continuent à être transportées au loin par les navires de guerre. Les soldats désormais ne participent plus à la manœuvre des voiles et par raillerie les marins les surnomment "marsouins" en les comparant aux cétacés qui suivent les navires en jouant. Le surnom a été conservé et fièrement defendu. En rompant les rangs, dans beaucoup d'unités TDM, les hommes hurlent "Marsouin".

BIGOR : Ce surnom, qui désigne l'artilleur de Marine, peut avoir deux origines : il peut être né du commandement "bigue dehors" ou "bigue hors" qui précédait l'ouverture du feu des canons de sabord ; il peut aussi être le diminutif d'un surnom donné à l'Artillerie de Marine lorsque, débarquée des vaisseaux, elle fut affectée à la garde côtière, clouée à son rocher comme un bigorneau.

La "COLO" : En 1958, les Troupes coloniales deviennent Troupes de Marine, pourtant le terme de Colo pour désigner l'Arme et ceux qui la servent reste en vigueur de nos jours, non par un attachement à un passé révolu mais plutôt pour célébrer un état d'esprit ou les traditions de pionniers complètent la valeur au combat et l'esprit de sacrifice.

BIFFIN : Marsouins et Bigors du 19ème siècle étaient comme les marins, habillés avec élégance et recherche. Les militaires des autres armes moins bien vêtus étaient à leur yeux couverts de "biffe" (chiffon en argot). Par égard spécial à leur camarades de la Légion, combattant sur les mêmes théâtres d'opération, ce surnom ne s'appliqua jamais aux légionnaires.

Présentation des drapeaux de l'Arme aux autorités lors des commémorations de Bazeilles à Fréjus le 1er septembre 1996.

Traditions et uniformologie

Arme d'élite, les Troupes de Marine sont attachées à la rigueur de leur présentation et à l'élégance de leur tenue qui se distingue par :

La "Cravate noire" est portée en souvenir des morts du combat de Bazeilles. En fait la cravate noire existait avant la célèbre bataille puisqu'elle provient de la tenue d'ordonnance de la Marine.

L'Ancre d'Or est portée sur les coiffures et écussons à l'exclusion de tout numéro de régiment. Elle est apparue en 1772 et n'est devenue réglementaire qu'en 1850. Les anciens y tenaient tellement que leur obstination fit adopter l'Ancre d'Or comme insigne unique de l'Arme. Encâblée en sens inverse de celle portée par les marins, elle se porte aujourd'hui sur la manche gauche. Sur la tenue de tradition, le Marsouin porte des épaulettes "jonquilles" tandis que celles du Bigor sont rouge. Le port de la ceinture de couleur est interdit.

Le calot bleu frappé de l'Ancre n'est porté que dans un cadre strictement TDM.

Chants

A l'exception de "Marie Dominique" et de quelques chants parachutistes, les chants des TDM sont souvent moins graves et solennels que ceux de la Légion. On y retrouve volontiers une certaine gouaille, beaucoup de bonne humeur et d'humour ainsi qu'une pointe d'irrespect pour les officiers, provenant sans doute de l'époque de la Marine à voile. L'Hymne de l'Infanterie de Marine, chant officiel, est chanté à un rythme enlevé, toujours au garde à vous et clôture traditionnellement les cérémonies.

Cris

Un pot, une cérémonie ou un repas d'anciens se termine presque toujours par

"Et au nom de Dieu, Vive la Coloniale !"

Chez les parachutistes on y rajoute.

"Et par Saint Michel, Vivent les paras !"

La Musique Principale des Troupes de Marine est une formation de grande qualité donnant des représentations appréciées du public comme ici dans les arènes de Fréjus lors de la fête de Bazeilles.

Lors de la fête de Bazeilles, le souvenir des "Grands Anciens" est commémoré par une scène représentant la maison de la "dernière cartouche". Le récit du haut fait d'arme de la division Bleue est alors lu au public.

Garde au drapeau, en grande tenue, avec épaulettes jonquille et képi lors d'une prise d'arme du 23ème BIMa à Dakar.

Les TDM dans le Golfe

Image de victoire. Dans la tempête de sable qui vient de se lever, les Marsouins du 3ème RIMa qui viennent de prendre Al Salman ont débarqués de leur VAB pour poser avec des portraits de Saddam Hussein.

La crainte d'une attaque chimique sera une des hantises de la coalition. Ici des servants de canon de 20 mm du 21ème RIMa se préparent à y résister.

Les TDM dans le Golfe

Le 2 août 1990, par un coup de force qui stupéfie le monde, l'Irak envahit en quelques heures son petit et riche voisin, le Koweit, considéré comme sa dix septième province. Immédiatement, la puissante Amérique déclenche l'opération "Desert Shield" afin de sauvegarder ses intérêts pétroliers menacés. La France croit encore dans une solution diplomatique mais, néanmoins, envoie des troupes aux EAU et à Djibouti dans le cadre des opérations Salamandre et Busiris. Mais après la violation de l'ambassade de France à Koweit city, la France rejoint la coalition avec la division Daguet dont 5 000 hommes appartenant essentiellement à la 6ème DLB, débarquent à Yambu le 4 octobre 1990. Parmi eux, des Marsouins du 21ème RIMa. Le 18 décembre est votée la résolution 678 du Conseil de Sécurité de l'ONU qui autorise l'emploi de la force à partir du 15 janvier 1991 pour contraindre l'Irak à quitter le Koweit. D'importants ren-

Sous les tirs des MLRS (Multi Launch Rocket System) américains, les blindés du 3ème RIMa se regroupent.

forts de TDM arrivent en décembre avec 4 000 hommes provenant du 3ème RIMa commandés par le colonel Thorette, du 11ème RAMa commandés par le Colonel Novack, de deux escadrons du RICM ainsi que de nombreux Marsouins du 9ème RCS qui serviront dans les état majors. Alors que le 17 janvier débutent les opérations aériennes, le 2ème RIMa du colonel Meille rejoint le théâtre des combats avec un groupement CRAP de la 11ème division parachutiste commandé par le colonel Rosier, "patron" du 1er RPIMa. Sous la menace des attaques de Scud, la division Daguet quitte Hafar Al Batim pour la région de Rafha. Sur les 9 000 hommes engagés 3 500 appartiennent aux TDM. Les premiers coups de canons

Juste après l'assaut les Marsouins se mettent en défensive.

FR-F2 en action. La tenue NBC est omniprésente.

Ce servant RAC APILAS récupère.

Regroupement des prisonniers iraquiens.

Intégré au groupement Légion, le 11ème RAMa appuie sans cesse l'avance des troupes et tirera 1 190 obus.

sont tirés le 2 février à 18 h 03 lorsque, dans un silence radio et radar total, les TRF-1 du 11ème RAMa envoient une trentaine d'obus sur une patrouille iraquienne venue tester le dispositif du 2ème REI. Un jour avant le "G-Day" (Ground Day) qui verra les troupes de la coalition entamer l'attaque terrestre, marsouins, légionnaires et cavaliers ainsi que la 2ème brigade de la 82nd Airborne US supportés par les tirs du 11ème RAMa s'emparent de leur base de départ. A l'extrême gauche du dispositif allié la division Daguet, intégrée au XVIIIème Corps US, doit s'emparer d'Al Salman et protéger le flanc de la coalition. La division Daguet attaque sur deux axes, à l'ouest avec la Légion (2ème REI et 1er REC) supporté par le 11ème RAMa et à l'Est avec le 3ème RIMa, le RICM et le 4ème Dragon.

Attaque sur "Rochambeau"

Le 1er objectif est ROCHAMBEAU, un "piège à feu" à la soviétique constitué de chars enterrés et de bunkers tenus par la 45ème division iraquienne. A l'aube du 24 février, le colonel Thorette lance en clair sur le réseau "A toute la colo, en avant !" Sonnés par des semaines de bombardements, abandonnés par leurs officiers et démoralisés, les réservistes iraquiens n'opposent qu'une résistance sporadique à la "furia francese" des marsouins du 3ème et 21ème RIMa et du RICM. A 14 h 30 "Rochambeau" est conquis et l'objectif suivant, "Chambord", est occupé à 18 h 00. La progression reprend le lendemain sous un crachin glacial et, tandis que le groupement Légion s'empare de l'aéroport d'Al Salman, les marsouins se préparent pour l'opération

Sur l'axe TEXAS la division Daguet progresse, le panneau routier orne désormais la salle d'honneur du 3ème RIMa.

Un AMX-10 RC du RICM dépasse un véhicule iraquien en flammes.

"Princesse de Clève", la prise de la ville d'Al Salman. Le 26 février dans la matinée, la ville est conquise et un important butin capturé alors que se lève une tempête de sable. Cette victoire a bien sûr été favorisée par les actions des groupements CRAP infiltrés derrière les lignes iraquiennes et au Fort d'Al Salman, deux commandos parachutistes du 1er RPIMa sont tués par des sous-munitions américaines. Plus à l'arrière les hommes du 2ème RIMa convoient et gardent les nombreux prisonniers iraquiens avant de relever le 2ème REI. La guerre éclair occidentale et le concept de "l'Air-Land Opération" ont mis la puissante armée iraquienne à genoux, et dans ce type de combat moderne, les marsouins et bigors ont ajouté une nouvelle page de gloire à la longue et héroïque histoire des TDM.

Les "scorpions" (4ème Cie) du 21ème RIMa viennent de s'emparer de l'armurerie d'Al Salman.

Les TDM en Somalie

La cinglante défaite militaire de l'Ogaden en 1978, va entraîner la Somalie dans un lent mais inexorable processus de décomposition qui tournera à la guerre civile, avec le soulèvement de Mogadiscio en 1990. Après la chute du président général Siyad Barré, la guerre des clans fait rage et la capitale est ensanglantée par une guerre urbaine. Cette situation entraîne une terrible famine au cours de l'été 1992 ; mais l'aide internationale est pillée par des bandes armées qui rackettent également les organisations humanitaires.

La résolution 794 du 3 décembre du Conseil de Sécurité autorise les Etats-Unis et d'autres membres de l'ONU à intervenir militairement pour ramener l'ordre. La France soucieuse de maintenir un certain équilibre dans la région décide d'envoyer un important contingent ; ce sera l'opération ORYX. Quatre jours après le "Show médiatique" américain, le détachement français composé en majorité d'unités provenant de Djibouti débarque et prend la route de la province de Hoddur et de la région de Baïdoa. Quatre mois plus tard la région est pacifiée et le contingent est réduit de 50 %. ORYX 2 succède à ORYX 1 avec le même succès. Cependant à Mogadiscio, la situation se dégrade et les forces du général Aydid multiplient les coups de mains contre les forces de l'ONUSOM. Le 5 juin 1993, 24 soldats pakistanais sont tués. Aussi l'Etat-major de l'ONU décide t'il, de prélever sur la brigade française un sous-groupement qui, sous le commandement du Colonel Saqui de Sanne, patron du 5ème RIAOM interviendra dans la capitale. L'unité comprend un peloton Sagaie et deux sections motorisées du 5ème RIAOM, deux sections sur VAB du 9ème RCP (Rgt de Chasseur Parachutiste) et un groupe de sapeurs du 17ème RGP (Rgt de Génie parachutiste). Ces unités sont engagées dès le 12 juin autour du quartier général des milices d'Aydid. Les combats atteignent leur paroxysme, le 17, lorsque les français dégagent les marocains et pakistanais encerclés. De toute part les partisans d'Aydid surgissent et engagent Marsouins et paras à la mitrailleuse lourde et au RPG-7. Les combats sont particulièrement confus et se déroulent au milieu d'une foule curieuse. Les français pourraient faire "boule de feu" pour se dégager mais mettent toute leur fierté a ne tirer qu'à coup sûr afin de ne pas tuer d'innocent. Au bout de trois heures de combat de rues avec l'aide de l'ALAT et d'un peloton de chars italiens M-60, l'assaut est donné à l'hôpital, principale position ennemie. Trente rebelles sont tués et quatre soldats français

Patrouille dans la poussière pour cette P-4 armée de deux mitrailleuses AA-52 . Le véhicule appartient sans doute au 1er RPIMa. L'unité fait partie du COS qui au cours de l'opération Oryx fit sa première sortie opérationnelle.

Désarmer les pillards fut une des principales missions des forces françaises en Somalie. Ici un marsouin du 5ème RIAOM vient de récupérer des roquettes de RPG-7.

blessés dont le caporal-chef Lisch gravement atteint à la tête par un sniper. Après cette mission de combat, le contingent retourne à Badoïa ou la pacification se poursuit. Les troupes françaises sont relevées en décembre et rentrent à Djibouti la tête haute.

Un VBL de la "Colo" patrouille dans les étendue semi désertique entourant Baïdoa. La présence continuelle des troupes française ramènera la tranquillité dans la région.

A Mogadiscio, la 4ème compagnie du 3ème RIMa assure la protection de l'ambassade de France avec un peloton monté sur VAB.

Casques bleus

Dans les Balkans, des milliers de vies seront sauvées par les "Casques bleus" qui, malgré des conditions d'engagement inadaptées à la réalité du terrain essaieront toujours de remplir la mission dévolue. Les TDM seront toujours en première ligne comme ici ces Marsouins du RMT vu sur le Mont Igman en juin 1995.

En Krajina

En juin 1991, le fracas des armes retentit à Lubjana. La Slovénie quitte la fédération Yougoslave et, en une semaine de combat acquiert son indépendance. La Yougoslavie de Tito pluri-ethnique et appliquant le "socialisme à visage humain" se désagrège lorsque à son tour la Croatie rejette l'autorité de Belgrade. Pour appuyer les minorités serbes également autoproclamées indépendantes dans les Krajinas, la toute puissante JNA (Armée régulière Yougoslave) se lance dans la bataille à l'été 1991. Les croates résistent avec l'énergie du désespoir, notamment à Vukovar, mais ne peuvent empêcher les serbes de contrôler un tiers de leur territoire.

La revanche viendra plus tard, mais un cessez le feu est signé en janvier 1992 et les premiers "Casques bleus" de la FORPRONU se déploient en avril 1992. Le contingent français s'installe à Gracac en Krajina alors qu'en Bosnie, le pire se prépare. Ce premier contingent, appelé BATINF 1 qui va s'interposer entre serbes et croates est fourni par la 9ème DIMa avec 3 compagnies du 2ème RIMa, un escadron du RICM et une batterie du 1er RAMa sous le commandement du colonel Meille.

Après avoir désarmé trois brigades serbes et démobilisé deux brigades croates, le BATINF 1 fera régner une paix précaire. Ce déploiement ne se fera, hélas, pas sans pertes, un VAB du RICM verse dans un ravin entraînant dans la mort un sous-officier et deux caporaux le 17 juin 1992.

Lever des Couleurs pour les blindés colos du 1er RIMa momentanément affectés au BATINF 1.

Les "Cèdres" de la 4ème Cie du 2ème RIMa patrouillent près du col de Malihalan à 1 041 m d'altitude.

Garde à proximité d'un fortin sur l'ancienne ligne de front pour ce marsouin du 2ème RIMa.

Un VBL de la 4/2 RIMa roule sur une piste des Monts Vélebit, haut lieux du nationalisme croate. Des mines peuvent y être cachées.

Plus tard une charge de démolition de piste explose en tuant le capitaine Linares et le lieutenant Capo de la CEA du 2ème RIMa alors que les deux officiers inspectaient l'aéroport de Zadar. Une batterie du 3ème RAMa et un escadron du RICM représenteront également les TDM au sein du BATINF 1 lors de mandats ultérieurs. A l'été 1995, alors que les français ne sont plus sur zone, les croates récupèrent les Krajinas lors d'une offensive éclair.

Passage de consigne pour ces "casques bleus" en interposition entre serbes et croates au sud de Knin.

Sarajevo

Le 6 avril 1992, la République de Bosnie-Herzégovine est proclamée suite à un référendum et reconnue par la CEE. Immédiatement, les serbes de Bosnie créent leur propre état et assiègent Sarajevo dont ils tiennent les faubourgs. Sous l'œil omniprésent des médias, commence le calvaire d'une ville. La visite du président Mitterrand, le 30 juin, permet l'ouverture d'un pont aérien et, le 1er juillet, deux Transall transportant la 1ère compagnie du 2ème RIMa et un état-major du RICM, se posent sur l'aéroport dévasté, ouvrant ainsi la longue liste des mandats ONU sur Sarajevo. Le premier bataillon fourni par la 9ème DIMa, le BATINF 2 a la garde de l'aéroport.

Son chef, le colonel Sartre aura une phrase prémonitoire à la fin de ce premier mandat “Sarajevo, le bataillon français qui t'a aimé avec passion te quittera en pleurant mais sans illusions”. Un an plus tard, en juillet 1993, est crée le French Bat-4 qui patrouillera dans le centre ville. Ce sera le 21ème RIMa du Colonel Tracqui qui inaugurera ce genre d'action et s'installera en interposition sur la ligne de confrontation. Les marsouins vivent une vie de troglodyte et ne peuvent, hélas, que compter les coups. Régulièrement, ils sont pris à parti par les deux camps, mais les consignes d'ouverture du feu peu réalistes de l'ONU les empêchent de répliquer.

Un sang-froid et une abnégation total animent les casques bleus qui souvent, au péril de leur vie, soignent et ravitaillent une population en détresse. A l'automne 1993, suite à l'offensive serbe sur le Mont Igman et au premier ultimatum de l'OTAN, un troisième bataillon français voit le jour le BATINF-5 qui se positionnera sur Igman. De nombreux marsouins y serviront. Vrbanja, le cimetière juif, la colline de Stup, Debelo Brdo, Dobrinja “ouest” et “est”, Zetra deviennent des lieux ou certains perdent leurs illusions, d'autres la vie mais jamais leur honneur.

2 juillet 1992. Les Marsouins du 2ème RIMa / RICM viennent de prendre le contrôle de l'aéroport et improvisent rapidement des abris avec des caisses de munitions serbes.

Les premiers jours...
Renforcé par des M-113 canadiens, le groupement 2ème RIMa/RICM tient l'aéroport qui n'est pas encore devenu une place forte.

Eté 1993, nouveau casque et nouvelle arme ici un Mc Millan pour les marsouins du 21ème RIMa qui patrouillent à Zetra.

Toutes trappes fermées, un VAB du 21ème RIMa aborde "sniper alley" et passe devant un des fameux tramway rouge de Sarajevo criblé de balles.

Les mandats des TDM en Bosnie

BATINF-2 (Sarajevo aéroport)
1er mandat (juin 92 à janvier 93) RICM Colonel Sartre.
4ème mandat (janvier 94 à juillet 94) 1er RIMa Colonel Canicio.
7ème mandat (juin 95 à octobre 95) 2ème RIMa Colonel Thonier
8ème mandat (octobre 95 à janvier 96) 6ème RPIMa Colonel Caille.

BATINF-4 Skanderija
1er mandat (juillet 93 à janvier 94) 21ème RIMa Colonel Tracqui
2ème mandat (janvier 94 à juillet 94) 3ème RIMa Lt -Colonel Montfort
3ème mandat (août 94 à février 95) 8ème RPIMa Colonel de Haynin.
4ème mandat (février 95 à mai 95) 21ème RIMaLt. Colonel Bonningues
5ème mandat (mai 95 à septembre 95) RICM Lt-Colonel Sandhal
6ème mandat (septembre 95 à décembre 95)
3ème RPIMA Colonel Marengo.

BATINF-5 Igman
1er mandat (avril 94 à octobre 94) 2ème RIMa Colonel Rousseau
3ème mandat (mars 95 à juillet 95) RMT Lt-Colonel Michel.

Assaut sur Vrbanja

Au printemps 1995, le fragile cessez-le-feu signé le 1er janvier, vole en éclat ; tandis que les croates attaquent en Krajina, l'armée bosniaque lance des offensives sur tout les fronts. Le 24 mai, les serbes de Bosnie s'emparent de dépôts d'armes gardés par la FORPRONU ce qui entraîne un ultimatum de l'OTAN. L'escalade se poursuit avec un bombardement serbe sur Tuzla qui fait 76 victimes. L'aviation de l'OTAN lance alors deux raids sur Pale et les serbes se saisissent aussitôt de 406 casques bleus qui leur serviront d'otages. Dans la nuit du 26 au 27 mai des tchetniks revêtus d'uniformes français s'emparent par surprises du poste "Sierra Echo" contrôlant le pont de Vrbanja, un des endroits les plus sensible de Sarajevo. Le général Gobilliard appuie aussitôt l'opération "Douaumont" plan de reprise du pont que lui suggère le colonel Sandhal, patron du BATINF-4. Ce sont les "forbans" de la 1ère compagnie du 3ème RIMa commandés par le capitaine Lecointre qui donnent l'assaut à 8 h 45 sous un feu d'enfer. Au bout d'un quart d'heure de corps à corps, le poste est repris mais le bilan est lourd : deux morts, les marsouins Humblot et Amaru et dix-sept blessés dont le lieutenant Héluin chef de section. Quatre serbes sont tués. Les Marsouins de Sarajevo passeront encore de durs moments en juin mais la fermeté montrée à Vrbanja a changé tout un état d'esprit. Désormais les jours de la FORPRONU sont comptés. La FRR et quelques mois plus tard l'IFOR forceront les belligérants à admettre une paix imposée par les armes. Onze marsouins, sous-officiers et officiers de la "Colo" sont tombés sous le casque bleu en ex-Yougoslavie.

Protégé par son gilet pare éclats, un marsouin de la 4ème Cie du 2ème RIMa veille sur Dobrinja Est, un des points les plus sensibles de Sarajevo.

"Sierra Echo" répond ! Un sous officier des "Forbans" en action dans le fameux poste quelques jours après sa reprise par la 1ère Cie du 3ème de Marine.

Le 4ème escadron du RICM a troqué ses VAB-HOT pour des fusils de gros calibre Mc Millan M-87 R utilisé pour l'antisniping... ici à partir d'un VAB posté en face de l'Holiday Inn.

Grenade à fusil sur le FAMAS, un marsouin du 3ème RIMa est de garde à la "Skanderija".

Une Sagaie du RICM au pied de l'immeuble du parlement dévasté. C'est de ce même endroit que ces mêmes blindés appuyèrent l'assaut sur Vrbanja.

L'IFOR

Après quatre ans de guerre et la démonstration de force de l'OTAN à l'été 1995, les belligérants signent les accords de Dayton entérinant une paix précaire en Bosnie. Le 1er décembre 1995 l'IFOR (Implementation Force) remplace aussitôt la FORPRONU et, avec soulagement, beaucoup de soldats de tous pays troquent leur béret bleu pour leur béret d'Arme. Sur le terrain, les troupes de l'IFOR constituées par des contingents de vingt-deux nations veillent au respect des accords de Dayton et supervisent le désarmement, le retrait des factions ennemies et le déplacement des populations, en attendant de surveiller le processus électoral prévu à l'automne 96. L'IFOR n'est pas l'ONU et toutes ces opérations planifiées par l'ARRC (Allied Rapid Reaction Corps), ne souffrent aucun délai et mettent en garde les belligérants contre toutes provocations sous peine de représailles immédiates. Dès le premier mandat, à l'hiver 1995-96, les TDM sont représentées au sein de la division

Tireur d'élite du 21ème RIMa à Hadzici en février 96.

Juin 1996. Un marsouin de la 1ère Cie du 2ème RIMa "Les Chameaux" attachés au BATINF-6 observe la ville de Kojnic depuis les anciennes positions serbes.

française Salamandre avec les 3ème et 4ème compagnies du 21ème RIMa ainsi qu'une batterie de marche du 1er RAMa. Ces Marsouins et Bigors seront relevés en mai 1996 par le 8ème RPIMa au sein du BATINF-4 de Sarajevo, tandis qu'un groupe de combat basé autour du 3ème RIMa, reprendra les missions du 2ème REP au BATINF-6. La mission de cette unité est de contrôler les importants points de passage de la Neretva, véritable artère stratégique menant de l'Adriatique au centre de la Bosnie.

Paras du 8ème RPIMa sur le Mont Igman.

La SML du 3ème RIMa est prête au tir sur les plateaux surplombant Mostar.

Les AMX-10 RC du 2ème escadron du 1er RIMa patrouillent près de Jablanica, une zone ou le feu couve entre musulmans et croates.

RCA : Opération Almandin

Les année 1996 et 1997 voient une fois de plus les Troupes Françaises intervenir en République Centrafricaine pour protéger les ressortissants et l'appareil économique de ce pays qui avec les bases de Bouar et de Bangui est la clef de voûte du dispositif français en Afrique. En mai 1996, le président Ange Patassé démocratiquement élu mais dont la gestion catastrophique des affaires publiques a amené le pays au bord de la banqueroute doit faire face à une mutinerie militaire.

Les mutins sont essentiellement des Yakomas représentant seulement 3% de la population mais 40 %de l'Armée. Cette ethnie disposait du pouvoir avant l'élection du président Patassé et la mutinerie va en fait trés vite se transformer en tentative de sédition militaire.Une première fois la France intervient en mai 1996 lorsque des éléments du 8ème RPIMa et du 2ème RIMa appuyés par les blindés légers de la Légion reprennent la radio aprés un bref mais violent combat.En novembre éclate une nouvelle mutinerie. Jouant sur les mouvement de foule, provenant des quartiers pro mutins de la Kouanga, Petevo et Bimbo, les anti loyalistes, au cours de trois jours d'émeute vont tenter d'investir le centre ville. Provoquant ouvertement les forces françaises, ils ne vont pas hésiter à ouvrir le feu sur ces dernières en espérant

une riposte aveugle dans la foule qui servirait leurs intérêts.Le sang froids des Marsouins des 2ème et 4ème Cie du 3ème RIMa et de la 1ère compagnie du 2ème RIMa formant l'EMT (Etat-Major Tactique)Sud du Colonel Leclere va empêcher un bain de sang. Sous une pluie de flèches, de pierres et quelquefois de coup de feu ,les marsouins,épaulés par les AML du 1er escadron du 1er RIMa tiennent bon.Des renforts arrivent avec la 1ère Cie du 8ème RPIMa.

Le lâche assassinat dont sont victimes un capitaine et un adjudant du 6ème RPIMa, abattus dans le dos va provoquer une réaction militaire française. Dans la nuit du 04 au 05 janvier, deux compagnies du 2ème REP, le COS constitué d'éléments du 1er RPIMa et la 2ème Cie du 8ème RPIMa vont investir les quartiers sud de Bangui et les nettoyer de la présence des mutins. Parallèlement , un poste tenu par la 1/2RIMa, pris à partie par deux mitrailleuses lourdes du camp Kasaï est dégagé par un hélicoptère canon et une AML du 1er escadron du 1er RIMa.Cette intervention amènera les mutins à la table de négociation et permetra la relance de la vie économique.

Une section de la 1ère compagnie du 2ème RIMa " Les Chameaux" dans un quartier de Bangui ruiné et étrangement désert.

Le calme est revenu sur Petevo ou ce para de la "2" du 8ème RPIMa est en faction. Le gillet pare éclat est néanmoins à portée de main.

Armé d'une Minimi, un marsouin du 3ème RIMa est en position à la Kouanga.

Une P-4 couvre le passage d'une AML-90 au bac de Mpoko. Durant toute l'opération Almandin ,les AML-90 et les P-4 du 1er escadron du 1er RIMa auront une présence plus que dissuasive.

Poste de la "2 " du 3ème RIMa (Chameaux du 3) dans le quartier du port fluvial. La vieille AA-52 est toujours présente et .... dans les deux camps, les mutins en ayant également.

RWANDA : Opération Turquoise

Enclavé, dans la région des Grands Lac, le Rwanda, "pays des milles collines" est régulièrement ensanglanté par l'antagonisme ancestral de ses deux principales ethnies, les Tutsis et les Hutus. A la demande du gouvernement rwandais, la France, la Belgique et le Zaïre interviennent une première fois en octobre 1990, lors de l'opération Noroit menée par les 3ème et 8ème RPIMa. Opération permettant l'évacuation de ressortissants et l'implantation d'un DAMI (Détachement d'Assistance Militaire et d'Instruction). Cette unité, renforcée de compagnies tournantes du 8ème RPIMa et du 21ème RIMa, épaulera, l'armée rwandaise à majorité Hutue, à lutter contre le Front Patriotique Rwandais (FPR) opérant à partir de l'Ouganda. Suite à l'offensive du FPR de janvier 1993, les accords d'Arusha, mettent fin au conflit en constituant un gouvernement de transition et une nouvelle armée ou FAR (Force Armées Rwandaise) et FPR fusionneront. Le dispositif Noroit laisse place à la MINUAR I (Mission Internationale des Nations Unies au Rwanda.

L'assassinat du président Rwandais, Habiaryamana abattu dans son avion, le 6 avril 1994, relance immédiatement la guerre civile et entraîne un véritable génocide perpétré par les milices hutues et certains éléments de l'armée à l'encontre de la minorité tutsie et des hutus modérés. La France lance l'opération Amaryllis ou la CEA du 3ème RPIMa et la 3ème Cie du 8ème RPIMa évacuent plus de 1 500 personnes quelquefois sous le feu des miliciens. Le FPR profite de l'anarchie régnant pour envahir le pays et avec le soutien de l'Ouganda s'empare de plus de la moitié du Rwanda... provoquant un imposant exode hutu. Alors que des milliers de réfugiés gagnent le Zaïre ou se déclenche une épidémie de choléra, le conseil de sécurité vote la résolution 929 autorisant la France à intervenir pour arrêter les massacres et protéger les populations. Ce sera l'opération Turquoise qui débute le 22 juin. Dans un premier temps le COS (Commandement des Opérations Spéciales) dont fait partie le 1er RPIMa assure la protection d'une zone comprenant le camp de réfugiés de Nyarushishi et qui s'étendra plus tard, plus à l'est. Lors de l'évacuation de Butare, un violent accrochage oppose le COS au FPR. La France décide alors la création d'une Zone Humanitaire Sûre (ZHS) de 4 500 Km² ou s'entassent plus de trois millions de personnes. Un groupement Légion à Cyangugu et un groupement TDM à Kibuye et Gikongoro en assurent la sécurité. A la fin du mois de juillet, le groupement TDM, commandé par le Colonel Sartre du RICM repousse plusieurs tentatives d'infiltrations du FPR. Les tirs d'AML-90 du RICM éclairés par les mortiers de 120 mm du 11ème RAMa repoussent les guerriers FPR pourtant habitués à combattre de nuit. Dans un même temps, la 1ère Cie du 3ème RIMa établit des postes d'observation, et désarme miliciens hutus et réguliers des FAR. A Goma, au Zaïre, la base arrière de l'opération est gardée par la 1ere Cie du 2ème RPIMa.

A la fin du mois d'août, les éléments français cèdent la place aux "casques bleus" de la MINUAR 2. Engagée sous une forte suspicion internationale, l'opération Turquoise se termine avec succès. Des milliers de vies humaines ayant été sauvées par la qualité de la prestation des militaires français.

L'aube se lève sur la vallée de la Mwogo. Derrière la caméra Mira fixée sur un poste MILAN, les marsouins du 4ème escadron du RICM ont veillé toute la nuit pour observer les feux de camps du FPR.

Sur l'aéroport de Goma, les paras du 2ème RPIMa veillent sur la piste ou sans cesse se posent les gros porteurs.

Ci-dessous à droite : Débarquement rapide pour les "Forbans" de la 1ère Cie du 3èmeRIMa, patrouillant en VLRA non loin de la frontière du Burundi.

Ci-dessous : Cette nuit encore, les tubes de 120 mm du 11ème RAMa, ont éclairé les crêtes de la vallée de la Mwogo.

Au sud de Gikongoro, les marsouins de la 1ère compagnie du 3ème RIMa accueillent la relève composée de ghanéens venus sur des M-113.

4ème RIMa

Marche Commando pour les recrues candidats "marsouins" de la 2ème compagnie.

CHAMPAGNE 1915 · LA CERNA 1916 · CRIMEE 1855 · BAZEILLES 1870 · TONKIN 1885
41 RIMA

"Gardien des Traditions et creuset de l'Arme"

C'est au Camp Lecoq, près de Fréjus dans un cadre cher aux Troupes de Marine qu'est implanté le 4ème RIMa. Dans sa carrière, un Marsouin passera sans doute au 4ème de Marine qui reste la "Mecque" des Troupes de Marine. A la fois Maison Mère, Centre d'incorporation, Régiment "école" pour la formation des Marsouins et de leurs cadres, le 4ème RIMa est incontournable.

Créé en 1854 par Napoléon III qui voulait quatre régiment d'infanterie de Marine, le "4" tient garnison à Toulon. En 140 années d'existence, le 4ème RIMa totalisera 56 campagnes et les noms de Sébastopol (1955) Saïgon (1859) Bazeilles (1870), Tuyen-Quan (1885), Maroc (1907-1913), La Marne (1914), Champagne (1915), La Cerna (1916) ornent son drapeau. Durant sa glorieuse histoire le "4" reprendra successivement la dénomination de 4ème RIC (Régiment d'Infanterie Coloniale), 4ème RTS (Régiment de Tirailleurs Sénégalais) et en 1985, 4ème RIMa comme régiment d'instruction de l'Arme.

Avec 55 Officiers, 225 Sous-officiers et 368 Caporaux et Marsouins formant l'ossature permanente du Régiment, le 4ème RIMa voit passer chaque années 4 500 stagiaires dans ses rangs. Appelés Outre-mer (AOM), Volontaire Service Long Outre-mer (VSLOM), élèves moniteurs techniques du Service Militaire Adapté, Sous-officiers candidats aux cours de Majors, passent par le 4ème RIMa. Pour remplir ses différentes missions d'instructions, le Régiment dispose d'une compagnie de Commandement et logistique et de sept compagnies d'instruction. Chaque compagnie à une spécificité propre. La 1ère héritière du Train Colonial forme des conducteurs à raison de 1 500 stagiaires par an. La 2ème instruit les militaires du rang appelés à servir au "4". En cinq mois la 3ème compagnie qui entretient les traditions des "télégraphistes colos" forme des transmetteurs, et notamment grâce aux système d'instruction ultramoderne LMF (Lecture Manipulation Frappe) permettant d'apprendre la phonie sur ordinateur. Les 4ème et 5ème compagnies ont pour tâche de former des VSLOM combattants ou administratifs pour l'outre-mer. Les futurs moniteurs et instructeurs qui encadreront les appelés des RSMA (Régiment de Service Militaire Adapté) apprennent leur métier à la 6ème Compagnie. La 7ème compagnie nouvellement crée assure la formation des engagés mais a également une mission de gestion des personnels.

La CCL est quant à elle chargée du soutien administratif et technique des huit unités qui composent le régiment.

Le 4ème RIMa est également le gardien des Traditions des Troupes de Marine, puisqu'il fournit les personnels chargés de la garde du Musée. Le régiment a également hérité des traditions et

Le 4ème RIMa est également une école de cadres, ici des marsouins font de la "topo" dans le superbe décor de l'Estérel.

du drapeau du 6ème RTS afin de garder vivace le souvenir des soldats d'Afrique noire ayant servi la France au sein des troupes Coloniales. Au 4ème RIMa est enseigné le "savoir faire" des TDM mais on peut également affirmer qu'on y entretient le "savoir être" de l'Arme.

A la 3ème compagnie, les marsouins apprennent la phonie sur ordinateur.

En souvenir des nombreux soldats africains ayant servi dans la "colo" le 4ème RIMa à hérité du drapeau et des traditions du 6ème Régiment de Tirailleurs sénégalais.

"La sueur épargne le sang". Ce vieux principe militaire est toujours d'actualité au 4ème RIMa.

Apprentissage de la camaraderie et des gestes simples de la vie des soldat.

Premier contact avec le LRAC de 89 mm.

9ème DIMa

Attachée à la Force d'Action Rapide, la 9ème DIMa (Division d'Infanterie de Marine) est une grande unité interarmes autonome et polyvalente capable de se projeter dans sa totalité ou de fournir des brigades, ou groupement interarmes, en moins de trois jours. Tout en constituant des bases arrières cohérentes et capables de durer, la 9ème DIMa est apte à mener un combat prolongé et de forte intensité grâce à l'organisation de deux états-majors opérationnels et à sa capacité à intégrer des renforcements extérieurs à la division. Avec son état-major basé à Nantes et organisée sur le mode d'une Division Légère Blindée, la 9ème DIMa peut être déployée par voie de mer, par aéro-transport et par la route puisque ses blindés peuvent couvrir 900 Km par jour. La division compte 7 500 hommes, répartis en 400 officiers, 1 500 sous-officiers, 4 500 engagés et 1 100 appelés. Les unités de mêlée sont composées de Marsouins et Bigors professionnels ayant pour beaucoup connu l'épreuve du feu en Afrique dans le Golfe ou les Balkans. Les unités suivantes composent la division : 1er RIMa et RICM (blindés à roues) 2ème et 3ème RIMa (infanterie motorisée), 11ème RAMa (artillerie), 6ème régiment du génie et 9ème RCS (Logistique). Ces deux dernières unités comprennent de nombreux marsouins dans leur rangs, sans oublier des hommes d'autres armes. De création récente, deux DAO (Détachement d'Assistance Opérationnelle), sont rattachés aux deux régiments d'infanterie et assurent des missions d'assistance, de renseignement et d'instruction aux profit d'armées amies. Spécialisée dans les missions amphibies, la 9ème DIMa dispose d'une puissance de feu redoutable adaptée à ses missions avec 96 AMX-10 RC, 321 VAB dont 48 VAB MILAN, 24 VAB HOT, 32 canons TRF-1 de 155 mm, 12 mortiers de 120 mm, 24 postes de tir AA MISTRAL, 46 canons AA de 20 mm, 588 LRAC APILAS et 52 ERYX. Du Tchad à Sarajevo et d'Al Salman au Rwanda, la 9ème DIMa a, durant les 25 dernières années, été constamment engagée avec succès.

La 9ème DIMa a engagé ses éléments dans toutes les grandes opérations que la France a entrepris. Ici des VAB du 3ème RIMa foncent sur l'axe "Texas" lors de l'opération Daguet.

La division possède un savoir-faire inégalé dans les opération amphibie comme ici à Ardente 93 en Italie ou des AMX-10 RC du RICM débarquent.

1er RIMa

Dernière manœuvre pour des appelés ? Un 10 RC du 1er escadron composé d'appelés chevauche dans le désert avec un M-1 de la 35ème brigade Koweïtie.

1822 1945
1
RIMA

"Premier de l'Arme"

Héritier direct des Compagnies Franche de la Marine, fondées par le Cardinal de Richelieu, le 1er Régiment d'Infanterie de Marine est de nos jours, une grande unité blindée servant au sein de la 9ème DIMa. Créé, par ordonnance royale, en août 1822, en même temps que le 2ème RIMa, il tient garnison à Cherbourg.

Ses premiers "faits d'arme" inscrits sur la soie de son drapeau, seront repris par de nombreuses autres formations des Troupes de Marine, ayant une affiliation directe avec le "Premier de l'Arme".

Son premier engagement est l'attaque de la forteresse de Bormasund en Baltique lors de la guerre de Crimée (1854). Il se bat ensuite en Chine (1860) et en Annam (1861) avant de participer, au Mexique, à la prise de Puebla (1863) ou il se couvre de gloire, capturant à lui seul 18 000 prisonniers.

En 1870, il s'illustre à Bazeilles lors du sacrifice héroïque de la "Division Bleue" à laquelle il appartient. La conquête coloniale, le voit se distinguer en Afrique et au Tonkin (1883) et son drapeau est décoré de la Légion d'Honneur le 14 juillet 1910.

Pendant la Première Guerre mondiale, les champs de bataille de la Marne (1914) et de Champagne (1915) sont témoin de l'héroïsme de ses Marsouins qui terminent la Grande Guerre au combat de Dobropolje (1918) dans les Balkans. Le port de la fourragère aux couleurs de la Croix de Guerre 1914-1918 récompensera sa valeur. Durant la Seconde Guerre mondiale, on le retrouve sur les champs de bataille ou combattent les Forces Françaises Libres, au sein de la 1ère D.F.L. il participe aux combats de Tobrouk (1941), Bir Hakeim (1942), à la bataille du Garigliano (1944) et à la libération de Belfort et de l'Authion lors de la campagne de France. Après les campagnes d'Indochine et d'Algérie ou il se distingue à Palestro, le 1er RIMa tient garnison à Granville.

Régiment d'Infanterie de la 9ème DIMa, le 1er RIMa est alors engagé dans la plupart des actions menées par la FAR. C'est ainsi qu'on le retrouve à trois reprises au Liban entre 1983 et 1985 au sein de la Force d'Interposition et de la FINUL.

La restructuration de l'Armée de Terre en 1985 le conduit à Angoulême ou il se transforme en régiment de cavalerie légère, au même titre

Un "10 RC" du 2ème escadron du 1er RIMa près de Jablanica en Bosnie dans le cadre de l'IFOR.

Séance de tir à Mourmelon. Trois fois à quatre fois par an les équipages s'entraînent au tir au cours de manœuvres régimentaires ou divisonnaires.

que le RICM. Plus de 900 Marsouins servent au 1er RIMa qui comprend : quatre escadrons de combat, un escadron antichar, un escadron de commandement et logistique et une unité d'instruction. Le principal matériel est l'AMX-10 RC dont 12 exemplaires servent par escadron de combat. Outre-mer, les Marsouins peuvent également servir sur ERC-90 ou AML. 24 postes de tir MILAN équipent les P-4 de l'escadron antichars qui recevra prochainement des VBL.

Régiment semi-professionnalisé, le 1er RIMa a participé aux opérations Libage (Kurdistan), Baumier (Zaïre) et Epervier (Tchad). Si il n'a pas été engagé en tant qu'unité constituée dans le Golfe, ses escadrons ont néanmoins accomplis cinq séjours dans l'ex-Yougoslavie.

Le 1er RIMa devrait également accueillir très prochainement le nouvel escadron d'éclairage divisionnaire de la 9ème DIMa.

Sarajevo : sur le poste de "Bouc Igman Palace" nommé à cause de la 2/2ème RIMa "les boucs", une Sagaie du 1er RIMa et son équipage observent les tirs des belligérants.

Chargement d'obus d'exercice, lors d'un camp de tir à Mourmelon. Grâce aux obus flèche tirés par son canon de 105 mm, l'AMX-10 RC peut détruire n'importe quel char de bataille.

ARDENTE 93 : Les AMX-10 RC du 1er RIMa débarquent d'un CTM de la Marine Nationale sur une plage d'Etrurie. La flexibilité de l'unité alliée à la puissance de feu et à la mobilité de cet engin, en font l'outil idéal pour la création d'une tête de pont.

2ème RIMa

Le théâtre d'opération bosniaque peut servir à des séances d'entraînement très réalistes comme ici à Kojnic ou les marsouins de la 1/2 " Les Chameaux" progressent dans des installations en ruine.

"La place manque sur son drapeau"

Comme pour le 1er RIMa, le 2ème Régiment d'Infanterie de Marine est issu des "Compagnies Ordinaires de la Mer" crées en 1622 par le Cardinal de Richelieu et qui, au fil des changements d'appellation devinrent Corps des Gardiens des Ports, Compagnies Franches et Corps Royal d'Infanterie de la Marine. L'ordonnance de Louis XVIII rétablit l'Infanterie de Marine en créant deux régiments, mais c'est sur l'ordre de Louis-Philippe que le "2ème de Marine" est créé en 1831 avec Rochefort et Toulon comme garnison. En 1854, le régiment est engagé dans les opérations de la Baltique lors de la guerre de Crimée en assiégeant la forteresse de Bormasund qui sera la première victoire portée sur le drapeau du "2". Quinze autres suivront, de Puebla (au Mexique) à l'Indochine en passant par Bazeilles, la boue des tranchées, la guerre du désert, les campagnes de France et d'Italie en 1944-45... ce qui laisse peu de place sur le glorieux étendard du 2ème RIMa. Depuis 1963, le régiment est sans cesse sur la brèche

Vie de poste à Dobrinja ouest, pendant la "crise des otages". Un sergent chef de la 4ème compagnie "Les Cèdres" se prépare à transmettre un rapport d'observation.

Deux Marsouins de la 1/2 "les Chameaux" exécutent un bond en Bosnie dans le cadre de l'IFOR. Les hommes ont l'équipement de la FAR en cette fin de siècle.

et participe à de nombreuses opérations en Mauritanie, au Tchad, au Liban et en Nouvelle Calédonie. En 1991, c'est l'embarquement pour l'Arabie Saoudite ou les Marsouins du "2" relèvent le 2ème REI après avoir canalisé et gardé le flot de prisonniers iraquiens ; ce qui lui vaut l'honneur de tremper ses fanions de compagnies dans l'Euphrate. Un an plus tard, le 2ème RIMa est désigné comme première unité d'infanterie française de la FORPRONU et effectue le premier mandat en Krajina. Six mois plus tard c'est Sarajevo ou le "2" va fournir la première compagnie de combat du "2nd French Bat". A quatre reprises, le 2ème RIMa retournera à Sarajevo.

De nos jours, le 2ème RIMa basé au Mans (Camp d'Avours) est une des grandes unités professionnelles de la 9ème DIMa et ses compagnies motorisées sur VAB sont sans cesse sur la brèche, tant Outre-mer qu'en Métropole, dans le cadre de l'entraînement intensif pratiqué par les TDM. Le régiment comprend quatre compagnies de combat sur VAB, une compagnie de commandement et de soutien (CCS) et une compagnie d'éclairage et d'appui. Dernièrement en avril 96, un élément du 2ème RIMa est intervenu à Bangui dans le cadre de l'opération Alamandin.

Des cadres compétents et motivés forment l'ossature des TDM comme cet adjudant-chef du 2ème RIMa entraînant ses Marsouins lors d'un exercice Archipel en Bretagne.

Le 2ème RIMa fut à l'origine du 1er "French Bat" en Krajina. Ici à l'été 1992, un VAB et un VBL patrouillent dans le col du Malihalan.

3ème RIMa

Les VAB du 3ème RIMa débarquent lors de l'exercice interallié ARDENTE 93 dans le centre de l'Italie. Régiment polyvalent le 3ème RIMa est aussi bien à l'aise dans les grandes opérations classiques que dans interventions au profit de l'ONU ou de maintien de l'ordre.

"Le premier régiment professionnalisé"

Avec le 2ème RIMa, le "3" est par filiation, le plus ancien des "quatre vieux" qui virent le jour après l'ordonnance de Louis Philippe du 14 mai 1831. Un 3ème Régiment d'Infanterie de Marine est créé le 20 novembre 1838 à Toulon et, lors de la réorganisation des Troupes de Marine en 1854, il prend la place du "2" à Rochefort, garnison qu'il occupera jusqu'en 1946. Après diverses campagnes "coloniales", Sénégal (1833), deux expéditions de la Plata (1840 et 1850), des opérations en Océanie (1843) et la prise de Mogador (1844), le régiment est engagé en mer Baltique et en Crimée (1854) ainsi qu'en Chine (1863).

"L'Année Terrible" le voit s'immortaliser au sein de la "Division Bleue" à Bazeilles ou dans ses rangs combat le Sous-Lieutenant Gallieni, futur Maréchal de France. En souvenir de la "dernière cartouche", l'insigne du 3ème RIMA porte l'aigle impérial marqué du nom glorieux de Bazeilles. De 1871 à 1914, le "3" est de toutes les grandes expéditions Outre-mer, du Pacifique à la Chine et de l'Afrique noire au Maroc. En 1900, le Régiment prend l'appellation de 3ème Régiment d'Infanterie Coloniale.

Détruit à Rossignol en Belgique en 1914, il est rapidement reconstitué et participe brillamment à la bataille de la Marne. En 1915, les Marsouins du "3" s'emparent du fortin de Beauséjour et de l'ouvrage Pruneau après un corps à corps féroce. Pratiquement anéantit lors du torpillage du navire qui l'emmène sur le front des Balkans, le "3" est reconstitué et après deux ans de guerre en Serbie, participe à la victoire de Dobropolje. 4617 Marsouins du "3" sont tombés au champs d'honneur durant la Grande Guerre.

Du 14 au 18 mai 40, le 3ème RIC contre-attaque victorieusement les allemands en Argonne et sur ce même front, deux semaines plus tard brise l'assaut d'une division ennemie en faisant 300 prisonniers. Réduit à l'effectif d'un bataillon, il dépose les armes, invaincu, dans les Vosges.

Dissou et recréé à diverses reprises durant l'après-guerre, le 3ème RIMa moderne voit le jour à Vannes le 1er mars 1963. Régiment motorisé au sein de la 9ème DIMa, il est entièrement professionnalisé en 1970 et devient la première formation de ce type dans les TDM. La professionnalisation va marquer l'unité qui, désormais, aura un "esprit de corps" unique et participera à toutes les opérations contemporaines de l'Armée Française. A Ati, le 19 mai 1978, la 3ème compagnie monte à l'assaut en chantant. Régiment sur VAB, les marsouins du "3" mènent dans la grande tradition de la "Colo" l'assaut sur "Rochambeau" avant de s'emparer d'Al Salman durant la guerre du Golfe en 1991. C'est ensuite la Somalie et le Rwanda. Au printemps 1995, les "forbans" de la 1ère compagnie reprennent le poste Sierra Echo à Vrbanja après un corps à corps sanglant. Cette action changera "tout un état d'esprit" et contribuera sans doute au règlement du conflit yougoslave. A l'heure ou ces lignes sont écrites les "soldats de métier" du 3ème RIMa servent une fois de plus la République au sein de l'IFOR en Bosnie.

En Bosnie deux "Chat maigre" de la 2ème compagnie, observent un axe de communication en zone serbe grâce à l'optique montée sur leur poste MILAN. Chaque compagnie d'infanterie de Marine dispose de deux postes de ce type.

Février 1991, Al Salman, un moment de triomphe pour ces marsouins de la CEA qui viennent de participer à la prise de la ville.

Deux "Forbans" de la 1ere en maraude à la frontière du Burundi lors de l'opération Turquoise en 1994.

La fonction n'empêche pas le camouflage. Ici un transmetteur attaché à la 3ème compagnie, envoie un message lors de l'exercice Archipel 96 en Bretagne.

Tir de barrage pour les mortier de 120 mm de la CEA, à Mailly, qui s'entraîne pour un proche départ en Bosnie en mars 96.

Armé d'une mitrailleuse légère Minimi, ce "chat maigre" est en position quelque part à l'est de Mostar ou sa compagnie vérifie l'application des accords de Dayton.

RICM : Le Régiment d'Infanterie

Un AMX-10 RC du 2ème escadron, roule sur une route du Morbihan, lors d'un exercice régimentaire. Cheval de Bataille du RICM, le 10 RC est un puissant blindé alliant puissance de feu et souplesse d'utilisation.

de Chars de Marine

"Le Régiment le plus décoré de France"

Tous, dans l'Armée de Terre connaissent ces prestigieuses initiales, celles d'un régiment qui reste l'un des plus beaux fleurons des Troupes de Marine. Il existe un "style" et un "esprit" RICM que l'on retrouve partout ou ses Marsouins sont engagés.

Le Régiment d'Infanterie Coloniale du Maroc naît à Rabat en août 1914. A cette date, il s'appelle Régiment Mixte d'Infanterie Coloniale. Débarqué à Sète le 17 juillet 1914, sous la dénomination de Régiment de Marche d'Infanterie Coloniale il livrera pendant quatre ans des combats qui feront de son emblème, le drapeau le plus décoré de l'Armée Française avec 10 citations sur sa Croix de Guerre 14-18. La prise du Fort de Douaumont, le 24 octobre 1916 reste la page la plus glorieuse de cette épopée et vaut au RICM la Légion d'Honneur et sa devise. "Il revint immortel de la Grande Bataille". En 1925 après cinq ans d'occupation en Allemagne, le RICM retourne dans ce Maroc qui l'a vu naître et combat durement dans le Rif sous les ordres du Maréchal Lyautey. En mai-juin 40, défendant pied à pied le sol français il perdra les deux tiers de ses effectifs. Dissout après l'armistice, il est recrée à Rabat en 1940 et devient, en 1943, le régiment de reconnaissance de la 9ème DIC. Avec le débarquement de Provence commence la chevauchée des "blindés colo" qui emportent Toulon et Mulhouse avant d'arriver le premier de toutes les troupes alliées sur le Rhin à Rosenau.

C'est ensuite l'"Indo", avec huit années de combats incessants. Elles lui valent la Croix de Guerre des TOE avec cinq citations qui s'ajoutent aux décorations gagnées lors des combats d'Alsace. Les opérations de maintien de l'ordre en Algérie voient le RICM participer à de nombreux combats dans l'Oranais et sur le barrage marocain.

En 1958 le régiment change de nom et devient le Régiment d'Infanterie de Chars de Marine basé à Vannes. En 1979, le RICM et le 3ème RIMa participent à l'opération Tacaud au Tchad, et à Abéché, le 5 mars lors d'un combat homérique, repoussent les rebelles tchadiens. Une AML est détruite et un marsouin tué mais l'ennemi se retire au prix de 300 tués et de 36 véhicules abandonnés. Les escadrons sont également engagés au Liban à diverses reprises au sein de la FINUL. Le béret bleu ne protège pas les soldats français et le 2 mai 1978 deux AML sont détruites dans une embuscade à Tyr. Le RICM est encore engagé au pays des cèdres en 1982 lors de l'opération Epaulard.

En 1991 c'est la guerre du Golfe et deux escadrons du RICM participent à l'avance sur Al Salman. A Sarajevo, les marsouins du RICM seront du premier mandat, trois autres suivront et les ERC-90 appuient l'assaut sur le pont de Vrbanja. Lors de l'opération Turquoise, le RICM protège la zone humanitaire et à deux reprises accroche et repousse le FPR, les 8 et 17 juillet 1994.

Au Rwanda, les AML-90 venue de République Centre Africaine accrocheront sérieusement le FPR à plusieurs reprises. Ici une AML patrouille le "Pays des mille collines".

En moins d'un siècle d'existence, 19 000 tués, blessés ou disparus furent le prix consenti par le RICM au port de ses trois fourragère

En 1996 le RICM rejoint sa nouvelle garnison de Poitiers avec ses quatre escadrons de combat sur AMX-10 RC, son escadron antichars sur VAB HOT et son ECS. Gageons que cette nouvelle garnison, pour les professionnels du RICM sera la base de départ pour de nombreuses missions.

Dotée de surblindage, les AMX-10 RC, vont participer à l'opération Daguet au coté des engins du même type alignés par le 1er REC et le 1er Spahis.

Embossée à Zetra (Sarajevo) cette Sagaie ripostera et contribuera à la destruction d'un chasseur de char serbe M-36. A quelques mètres de là, le RICM perdra son médecin tué par une bombe de mortier en juillet 1995.

Au Rwanda, de nombreuses actions seront effectuées par des paires de Peugeot P-4 disposant d'une impressionnante puissance de feu. 2 mitrailleuses, deux LRM et 8 FAMAS.

11ème RAMa : Régiment

d'Artillerie de Marine

Baptême du feu dans le Golfe pour les nouveaux canons TRF-1 de 155 mm, qui couvriront l'avance de la division DAGUET.

Chaque batterie dispose d'une section AA dotée de canon de 20 mm installés sur TRM-1000.

Régiment d'Artillerie organique de la 9ème DIMa, le 11ème RAMa est une formation qui bouge. Avec la modestie et la compétence qui les caractérisent, les Bigors du 11ème sont en permanence sur la brèche. Durant l'opération Daguet ils furent les premiers à être engagés.

Comme la majorité des unités d'Artillerie de Marine, le 11ème RAMa a repris les traditions du 1er RAMa, lui même héritier du 1er Régiment du Corps Royal d'Artillerie des Colonies. Ce régiment directement affilié aux "Compagnies Franches de la Marine", est de toutes les campagnes menées par les Armées du Roy, de la République et de l'Empire. Après la "Grande Guerre" ou le 1er Régiment d'Artillerie Coloniale se distingue particulièrement, le 11ème Régiment d'Artillerie Coloniale Mixte Malgache est créé en 1919. Ce 11ème RACM est dissout en 1924 pour faire place au 11ème Groupe Autonome d'Artillerie Coloniale du Levant. En 1928, une nouvelle réorganisation de l'Artillerie fait du régiment le 11ème Régiment d'Artillerie Coloniale Lourde. Au sein de la 39ème DI, le 11ème RAC se distingue lors de la campagne de mai-juin 40 en assurant d'efficaces tirs de harcèlement et de contre batterie. Dissout à l'armistice, le 11ème RAC est recréé à Lorient en février 1945.

Durant l'après-guerre il change d'appellation et de missions à différentes reprises avant de devenir, en juin 1963, le 11ème Régiment d'Artillerie de Marine. Il gagne son implantation actuelle à la Lande d'Ouée en 1979. Depuis cette date, les "Bigors" du "11" sont de toutes les grandes opérations menées par la 9ème DIMA. Au Tchad lors de l'opération Tacaud, les 105 mm HM-2 tirent à hausse zéro, à vue directe lors des combats de Djedah et d'Abéché ce qui vaut aux "11" une citation. On retrouve ensuite les Bigors du 11ème RAMa au Liban, en Nouvelle Calédonie et en RCA.

En 1987, le régiment expérimente le nouveau canon TRF-1. Il est la première formation opérationnelle sur ce matériel performant. En décembre 90, sous le commandement du Colonel Novacq, c'est le débarquement à Yambu dans le cadre de l'opération Desert Shield, et le 2 février 1991, tous les tubes du régiment tirent les premiers coups de canons français de la guerre du Golfe pour dégager un poste d'observation du 2ème REI "accroché" par les iraquiens. Lors de l'offensive terrestre le régiment qui a sous ses ordres un régiment d'artillerie US sur M-109, expédie plus de 1 400 obus ce qui contribue à l'écroulement des défenses iraquiennes et lui vaut la croix de

La 5ème batterie dispose de missiles antiaériens MISTRAL et de radar Samantha capable de détecter l'approche des aéronefs dans un rayon de 10 Km.

guerre TOE avec palme. Nous retrouvons la 3ème batterie au Rwanda lors de l'opération Turquoise en août 1994 ou ses tirs de mortiers de 120 mm empêchent le FPR d'approcher la zone de protection humanitaire. Quelques obus éclairants ont un effet particulièrement dissuasif sur les guerrier Tutsis, qui aiment s'infiltrer de nuit. Le 11ème RAMa est doté de quatre batteries d'obusiers TRF-1 de 155 mm soit 24 canons capables de délivrer 144 coups (soit 7 tonnes d'explosif) en une minute. Les quatre groupes RATAC (Radar d'Aide au Tir de l'Artillerie de Campagne) permettent de tirer de jour comme de nuit et d'acquérir des renseignements jusqu'a 20 km. Les tirs du 11ème RAMa sont traités et décidés par la chaîne ATILA (Automatisation des Transmissions et Liaisons de l'Artillerie) ce qui leur donne une efficacité redoutable. Les 40 camions TRM-1000 à plateaux déposables transportent les 8 400 coups soit 600 tonnes de munitions du régiment. La 5ème batterie avec ses 24 postes MISTRAL assure à la division une protection anti-aérienne de 100 km^2. Entièrement professionnalisé, le 11ème RAMa reste fidèle à sa vieille devise "Alter Post Fulmina Terror" ou "L'Autre Terreur Après la Foudre".

Le 11ème RAMa expérimenta le nouveau TRF-1 dont on voit un exemplaire en action lors d'un des premiers tirs à Canjuers en 1987.

Ce jeune Bigor, assure la protection rapprochée d'un VABRATAC durant la guerre du Golfe.

Une batterie s'est mise en position lors de l'exercice "ARDENTE" en Toscane. Ici les pièces portent le camouflage trois tons centre Europe.

RMT : Régiment de

Marche du Tchad

Tout le combat mécanisé est symbolisé par ces Marsouins débarquant de leur AMX-10 P qui sont appuyés par l'AMX-30 visible au second plan.

"Le régiment du serment"

En août 1940, le colonel Leclerc, refusant l'armistice, regroupe au Tchad, les troupes ayant rallié le général de Gaulle. L'amalgame de ces unités d'origines diverses (principalement le Régiment de Tirailleurs Sénégalais du Tchad mais aussi des groupes nomades et bataillons de marche) est à la base de la prise de Koufra le 1er mars 1941 qui devient la première victoire des Forces Françaises Libres. Le colonel Leclerc prononce alors son fameux serment.

"Jurez de ne déposer les armes que lorsque nos couleurs, flotteront à nouveau sur la cathédrale de Strasbourg".

Huit Marsouins du RMT piloteront des AMX-30 équipés d'un système de déminage provenant de l'ex-Armée est allemande dans le Golfe, lors de l'opération Daguet.

L'élan est donné et, durant la guerre du désert le RMT combat brillamment dans le Fezzan et le désert de Libye avant de faire sa jonction avec la 8ème Armée Britannique. Au cours de l'été 1943, est formé au Maroc la prestigieuse 2ème DB dont l'infanterie est constituée en majorité par les 3 bataillons du RMT sur Half-Track. Le 1er août, la division débarque en France et participe au combat de Carrouges et d'Alençon qui devient la première ville libérée par les FFL. C'est ensuite la ruée sur Paris ou le RMT renforcé d'un peloton de chars du 501ème RCC entre le 24 août. Vient ensuite la dure campagne d'Alsace et la libération de Strasbourg, le 23 novembre 1944. Le serment est tenu. La prise du nid d'aigle de Berchtesgaden achève le glorieux palmarès du régiment au cours de la 2ème Guerre Mondiale qui outre la fourragère de la médaille militaire et quatre citations, a le rare privilège d'être "Compagnon de la Libération". En 1946, le RMT suit le général Leclerc en Indochine ou il libère Saïgon, Phnom Penh et Hanoï. 10 ans plus tard, le RMT est engagé au Maroc pour une mission de maintien de l'ordre.

Basé à Arpajon, le RMT est actuellement un régiment mécanisé d'appelés servant toujours au sein de la 2ème DB. L'unité se compose de trois compagnies mécanisées sur AMX-10 P, d'un escadron de chars AMX-30 (le seul au sein des TDM) d'une compagnie de Commandement d'Appui et de Logistique et d'une compagnie de Défense et d'Instruction. Le régiment regroupe près de 1 200 personnels dont 75 % d'appelés, ses cadres sont presque tous des professionnels venus de toutes les unités TDM, ce qui renforce l'esprit "Unité de Marche" du régiment. Ces cadres forment un réservoir de spécialistes blindés, "para", "méca", motorisés, artilleurs, et "Trans" qui font du RMT une unité exceptionnellement polyvalente. De mars à juillet 1995, le RMT forme l'ossature du BATINF-5 en Bosnie. Sous une avalanche d'obus et lors de la crise des otages, les jeunes appelés volontaires font honneur à leurs grands anciens. Dans le cadre de la professionnalisation de l'Armée de Terre, le RMT se composera d'engagés qui suivront le régiment dans sa nouvelle garnison de Noyon.

Un AMX-10 P s'engage sur un bac Gillois pour franchir la Seine, lors de l'exercice Eblée 94.

250 véhicules dont 100 chenillés sont en service au RMT. Ici un peloton d'AMX-10 P en action près de Montlherry.

Au sein du BATINF-5 sur les Monts Igman, les jeunes appelés volontaires vivront des moments difficiles en mai-juin 95.

Un chef de blindé AMX-10 P du RMT vu près d'un des 80 canons de 20 mm du régiment.

17 AMX-30 B sont en service au RMT qui est le seul régiment des TDM à disposer de ce char de bataille.

1er RAMa : Régiment

Un AUF-1 du 1er RAMa dans les ruines de Mostar en Yougoslavie. L'utilisation de ces pièces lors de l'été 1995 au sein de la FRR et puis de l'IFOR amènera les serbes à la table de négociation.

d’Artillerie de Marine

Régiment organique de la fameuse 2ème Division Blindée, le 1er RAMa est une des unités d'artillerie des plus performantes au monde, grâce à son système d'arme ultra moderne basé autour du canon automoteur AUF-1.

Cette continuité dans l'excellence, est également un symbole de l'unité puisque son étendard est actuellement le plus ancien des Troupes de Marine.

Le 1er RAMa est le descendant des "Compagnies ordinaires de la marine" crée en 1622 par le Cardinal de Richelieu et destiné au service des pièces à bord des vaisseaux du Roi. La devise de ces bombardiers de Marine étaient "l'Autre Terreur après la Foudre" et elle fut reprise par plusieurs autres Régiments d'Artillerie de Marine dont la filiation est commune au 1er RAMa.

En 1794, ce Corps devient "Le Corps Royal de l'Artillerie des Colonies".

Redevenu Régiment d'Artillerie de Marine, ses pièces soutiennent l'action de la "Division Bleue" à Bazeilles.

En 1900, le 1er RAMa devient Régiment d'Artillerie Coloniale et se couvre de gloire en Champagne (1916-1918) et dans la Somme (1918) lors de la première guerre mondiale et y gagne la Croix de Guerre 1914-1918 avec deux palmes.

Détruit le 21 juin 1940 il est dissout mais renaît au sein des Forces Françaises Libres comme 1er Régiment d'Artillerie sous le commandement du Colonel Laurent-Champrosay son fondateur qui sera tué à la bataille de Garigliano, le 18 juin 1944.

L'épopée de la France Libre va marquer le 1er RAMa qui portera dans les plis de son drapeau les noms de Bir Hakeim, El Alamein et Colmar. Compagnon de la Libération le Régiment reçoit également la Croix de la Libération.

En 1951, le 1er Régiment d'Artillerie des FFL reprend l'étendard et les traditions du 1er Régiment d'Artillerie Coloniale et s'installe à Melun. Après avoir séjourné dans plusieurs garnisons du nord de la France, le régiment devenu 1er RAMa en 1958 gagne en 1993 le camp de Couvron dans l'Aisne.

Le régiment comprend de nos jours trois batteries de combat et une batterie de commandement et de soutien, soit au total 1 000 hommes, essentiellement appelés pour la troupe. Chaque batterie comprend deux groupes de quatre canons automoteur de 155 mm AUF-1 reliés au PC de tir par la chaîne ATILA (Automatisation des Tirs et des Liaisons de l'Artillerie). Cette chaîne comprend également des véhicules PC, des véhicules d'observation chenillés AMX-10 P VOA et une station météo SIROCO. Chaque automoteur est capable de se positionner en batterie par lui même grâce à une conduite de tir inertielle. En moins de deux minutes, après une demande de tir, une batterie peut grâce aux système ATILA, et au chargement automatique dont sont pourvues les pièces, délivrer deux tonnes d'explosif à vingt-huit kilomètres.

Le Régiment a à plusieurs reprise engagé des éléments dans l'ex-Yougoslavie au sein de la FORPRONU et de l'IFOR. De plus des bigors ayant opté pour la formule du Service long ont pût participer à des séjours en Afrique ou dans les DOM-TOM au sein de batteries tournantes.

Alliant modernité et traditions, le 1er RAMa sera professionnalisé en 1999.

Vision très "Centre Europe" pour cet AUF-1 du 1er RAMa en train de franchir l'Aisne à l'est de Soisson lors d'une manœuvre divisionnaire

L'équipage d'un VOA, (véhicule d'observation d'artillerie) va se mettre en position en Bosnie. Ces véhicules peuvent être également utilisés pour l'observation des raids aériens.

Un jeune engagé, assure la protection de son AUF-1 à l'aide de sa mitrailleuse de 12,7 mm de superstructure. Le régiment "Compagnon de la Libération" sera bientôt professionnalisé.

Un VOA précède un AUF-1 dans un village au nord de Mostar en Bosnie. L'efficacité de l'artillerie francaise ne repose pas seulement sur les grandes qualité de l'AUF-1, mais également sur tous les véhicules d'accompagnements.

La boue de Picardie est bien loin des cieux ensoleillés de l'outre mer... pourtant les T.D.M. y sont également présents comme ce VAB VIT (véhicule d'implantation topographique) et cet AUF-1 saisis lors d'une manœuvre

21ème RIMa : Régiment

d'Infanterie de Marine

Mise en batterie d'un mortier de 120 mm de la CEA, lors de l'exercice Farfadet 92 dans le sud ouest de la France.

"Croche et tient"

Unique régiment des TDM dans la prestigieuse 6ème DLB, héritière de l'Armée d'Afrique, le 21ème RIMa est un régiment particulièrement actif. Dans le Golfe, au Liban, au Tchad et dans les Balkans, les marsouins du "21" partagent avec les légionnaires du 2ème REI les honneurs du baroud car, avec la 9ème DIMa, la 6ème DLB est constamment engagée "là" ou la France la demande. Le 21ème RIMa a été créé en 1901 sous le nom de 21ème Régiment d'Infanterie Coloniale. Comme pour beaucoup de Régiments d'Infanterie de Marine, le 21 est issu du "2ème de Marine" dont les noms des glorieuses campagnes se retrouvent sur son drapeau. Après sa création, le 21ème RIC est durement éprouvé lors de la Première Guerre mondiale ou il gagne quatre citations : 1915 Champagne, 1916 la Somme, 1917 l'Aisne et 1918 Reims ornent son étendard. En 1940, le régiment est engagé sur la "Ligne Maginot" et au cours de la retraite, mène de durs combats en Argonne. Le 15 juin, à Rambercourt-aux-Pots, son chef de corps, le colonel Cazeilles est tué à la tête de ses marsouins, en sauvant le drapeau qui ne tomba jamais aux mains de l'ennemi.

Marines et Marsouins sont réunis lors d'un exercice PHIBLEX en Corse ou ce soldat du 21ème RIMa assure la protection d'une jeep TOW de l'USMC.

Des VAB du 21ème RIMa débarquent d'un CTM de la Marine Nationale lors de l'exercice Farfadet 92 près de Perpignan.

Reconstitué au sein de la 9ème DIC, le "21" prend part à la campagne d'Alsace, libère Mulhouse et Colmar franchit le Rhin et s'empare de Karlsruhe et Stuggart, ce qui lui vaut la croix de guerre 39-45 avec trois citations. C'est ensuite l'Indochine et l'Algérie avec en 1956, le débarquement à Port-Saïd, et la prise de Port Fouad durant l'"affaire de Suez". Rentré en France en 1963, il devient l'un des régiments du corps de bataille de l'Armée de Terre et stationne à Sissonne jusqu'en 1980 avant de rejoindre Fréjus, sa garnison actuelle, comme régiment d'infanterie motorisée de la 6ème DLB. On retrouve le "21" au Liban en 1983 et, à diverses reprises en Afrique avec des compagnies tournantes et notamment au Rwanda pendant l'opération Noroit.

Pendant la guerre du Golfe, la 2ème Cie, la 4ème Cie et une partie de la CEA sont engagées. Les "scorpions" de la "4" mènent l'assaut à Rochambeau aux côtés du 3ème RIMa et contribuent au succès de la journée. En juin 1993, la France décide d'envoyer un nouveau bataillon à Sarajevo, le BATINF-4, qui sera stationné dans le centre ville. C'est le 21ème RIMa sous les ordres du Colonel Tracqui qui est désigné. Dès son installation dans l'un des casernements de Zetra, la 3ème Compagnie est bombardée et perd plusieurs véhicules. Un mois plus tard, lors d'une mission d'interposition sur le Mont Igman, le capitaine Jacono est grièvement blessé par les bosniaques mais 120 marsouins fixent 1 600 combattants. Malgré 14 blessés, le "21" remplit sa mission et tout spécialement dans le cadre d'aide à la population civile. Durant l'hiver 1995-96, les Marsouins du "21" sont de retour à Sarajevo dans le cadre de l'IFOR. Régiment professionnalisé sur VAB, le 21ème RIMa est l'un des plus beaux fleurons des Troupes de Marine.

Ce marsouin armé d'une Minimi, patrouille près de Zetra (Sarajevo) pendant l'été 1993.

Le "21" est souvent chargé d'expérimenter de nouveaux matériels comme ici un des premiers FRF-2 opérationnels avec lunette OB vu lors de l'exercice Farfadet 92.

Saisir et tenir une plate forme aéroportuaire est souvent un thème de manœuvre comme ici lors de Farfadet 92 ou un canon de 20 mm monté sur VLRA assure la protection d'un terrain de fortune.

3ème RAMa : Régiment

Impressionnante vue d'AUF-1 GCT de la 1ère batterie en déplacement sur l'un des champs de tir de Canjuers.

d'Artillerie de Marine

"Le creuset de l'artillerie française"

C'est le premier consul qui créa le 5 mai 1803, à Rochefort, le 3ème Régiment d'Artillerie de Marine qui 10 ans plus tard s'illustrera à Hanau. D'autres campagnes, bien dans la tradition des Troupes de Marine s'inscrivent sur la soie du drapeau du 3ème RAMa qui participe à l'épopée coloniale de la France. Mogador (1844), Dahomey (1892), Tien-Tsin (1900) et la pacification du Maroc de 1908 à 1913. Avec ses "75 de campagne" le 3ème RAC est de tous les combats de la Grande Guerre, de la Belgique à la Marne et de la Champagne (1915) à la Somme (1916) et sur la Sarre en 1918, et y gagne la Croix de Guerre avec citation.

En 1940, le régiment cesse le combat à Vaucouleurs, faute de munitions, mais renaît en 1943 à l'initiative des artilleurs de la colonne Leclerc. Pour la petite histoire, l'artilleur de Koufra et son unique 75 de montagne Schneider modèle 1919-28 se réclamait du 3ème RAC. Intégré à la 2ème DB, le 3ème RAMa débarque en Normandie, libère Paris et Strasbourg avant de réduire la poche de Royan. Une nouvelle Croix de Guerre avec deux citations et la Croix de la Libération lui sont décernées.

En 1945, le 3ème RAMa tient garnison à Vernon avant de rejoindre Verdun en 1984. Il devient régiment organique de la 10ème division blindée sur les très performants 155 mm AUF-1 à grande cadence de tir. Avec la restructuration de l'Armée de Terre, en 1994, le 3ème RAMa rejoint Canjuers ou il devient le régiment de manœuvre de l'Ecole d'Application de l'Artillerie de Draguignan et second Régiment d'Artillerie de la 27ème Division d'Infanterie de Montagne. Mission passionnante puisque que désormais, le 3ème RAMa fournit des tirs au profit de tous les cadres français et étrangers en stage à l'Ecole d'Artillerie et participe ainsi à leur formation et leur perfectionnement. De ce fait, le régiment est sans cesse sur la brèche et ses appelés sont ceux qui tirent le plus dans l'Armée Française puisque 18 000 coups de canons sont tirés chaque année. Tous les jours ouvrables, une batterie (au minimum) sort sur le terrain et le régiment sert également à certaines expérimentations menées par les ingénieurs de la STAT (Section Technique de l'Armée de Terre).

L'effectif est de 42 officiers, 197 sous-officiers et 495 Bigors, répartis en une batterie de commandement et des services, deux batteries blindées d'AUF-1 à deux sections de tirs à 4 pièces chacune et d'une batterie tractée de 4 TRF-1 et 6 BF-50.

Au total, le 3ème RAMa dispose de 37 pièces, soit 21 AUF-1, 4 TRF-1, 6 BF-50, 6 obusiers US HM-2 de 105 mm. Les pièces anciennes comme les HM-2 sont utilisées pour la formation des observateurs et afin de vider les stocks d'obus anciens. Conscients de l'importance de leur mission, les Bigors du 3ème RAMa ont gardé la vieille devise "A l'affût toujours, jamais ne renonce".

Ecole de pièce pour ces jeunes artilleurs, en stage TRF-1 au 3ème RAMa.

Un jeune appelé est vu avec une charge propulsive pour obus de 155mm destinée à un TRF-1.

Un cadre est au travail dans un des shelter monté sur les camions d'un des PC de batterie. Grâce au système ATILA tout les demandes de tir sont informatisées.

AUF-1 en action lors d'un tir de démonstration. En Bosnie des artilleurs formés au 3ème RAMa utiliseront ces pièces pour des tirs réels à partir du mont Igman.

Cet AMX-10P VOA (Véhicule d'Observation de l'Artillerie) grâce à ses télémètres laser et ses optiques peut observer, trouver et désigner les cibles aux différentes batteries.

VAB RATAC de la batterie de commandement. Ce radar permet de localiser des cibles dans un rayon de 25 à 30 kilomètres.

1er RPIMa : Régiment Parachutiste

Un buggy de la section SAS est lancé à pleine vitesse lors d'une séance d'entraînement,dans les grandes dunes bordant l'Atlantique. Utilisant de nombreux composants de véhicule P-4, les buggy sont destinés aux missions d'infiltration à longue distance.

d'Infanterie de Marine

Le 1er RPIMa peut également mettre en œuvre des commandos spécialisés dans les opérations antiterroristes, comme ici ces hommes équipés de lunette IL effectuant une progression "en chenille" lors d'un entraînement urbain.

Héritier des SAS

Au sein de l'Armée de Terre et des Troupes de Marine, le 1er RPIMa est un régiment exceptionnel puisqu'il descend en ligne directe des premiers parachutistes français formés en Angleterre durant la deuxième guerre mondiale au sein des fameux SAS dont la devise est "Qui ose gagne". On retrouve sur l'étendard du 1er RPIMa, les noms de Crète (1942), Libye (1942), France (1944), Ardennes Belges (1945) et Hollande (1945), grandes opérations de commandos qui marquèrent le conflit. Sous le nom de "demi- brigade SAS en Indochine" et ensuite de "1ère Demi Brigade Coloniale de Commandos Parachutistes" les bérets rouges sont engagés dans toutes les opérations d'Extrême Orient et le nom d'Indochine (1946-54) sur les Couleurs commémore cette glorieuse période. Grande unité d'instruction parachutiste basée à Bayonne pendant la guerre d'Algérie, la Brigade de Parachutistes Coloniaux devient, en 1962, le 1er RPIMa qui poursuit cette mission de formation et d'entraînement.

A partir de 1981, le régiment s'oriente vers des missions de renseignements et d'actions au profit de la 1ère Armée. Actuellement, le 1er RPIMa a renoué avec le type de mission SAS puisqu'il passe directement sous le contrôle opérationnel du COS (Commandement des Opérations Spéciales) créé en 1992, tout en restant organiquement rattaché à la 11ème DP. Sa vocation est de mener des actions spécialisées souvent discrètes et de fournir aux grands commandements des renseignements. On retrouve les équipes du 1er RPIMa dans toutes les grandes opérations menées par la France en Afrique et au Moyen Orient. Lors de la prise du Fort d'Al Salman durant la guerre du Golfe,

Une section vient de descendre en rappel à partir d'un hélicoptère du COS et investit son objectif. Ces techniques d'aérocordage pourraient être utilisées, lors d'opérations d'évacuation de ressortissants pris en otage.

La technique de la "grappe" utilisée pour les exfiltrations fait l'objet d'un entraînement intensif au 1er RPIMa.

le sergent Schmitt et le caporal-chef Cordier sont tués par l'explosion de sous munitions américaines. Au Rwanda, le unités du COS jouent un rôle déterminant dans la création d'une zone humanitaire lors de l'opération Turquoise. Une des autres missions type du 1er RPIMa est la formation de Forces Spéciales et de Garde Présidentielle auprès des pays liés à la France par des accords de défense.Nous retrouvons ainsi, par exemple, la trace du 1er RPIMa dans les brillantes victoires tchadiennes sur la Libye en 1986. Le régiment basé dans la citadelle de Bayonne comprend une compagnie de commandement et de logistique, un groupement d'instruction et trois compagnies RAPAS (Recherche Aéro-Portée et Actions Spécialisées) dont les membres sont formés au régiment. Les hommes sont souvent des Chuteurs opérationnels accomplis capables de s'infiltrer au moyen de technique HAHO, HALO (1) ou d'aérocordage. La section SAS dispose de véhicules spéciaux tels que des Buggy ou des P-4 modifiés et disposant d'une longue autonomie. Les hélicoptères du COS peuvent également être utilisés pour les opérations d'infiltration et la section nautique dispose de plongeurs oxy capables d'arriver sur leur objectif par voie sous-marine. Sportifs de haut niveau, les bérets rouges du "1er" pratiquent toutes les formes de techniques de cordes et sont experts en explosifs, armements et tirs de haute précision à grande distance. Les armes sont d'ailleurs utilisées en fonction des missions et le régiment utilise de nombreuses armes étrangères, tel que le H&K MP-5, la mitrailleuse MAG, le célèbre Kalashnikov dans toutes ses versions, la Mini UZI ou le mortier de 60 mm Commando sud africain. Riche d'un potentiel humain élevé, le 1er RPIMa est bien le digne héritier des SAS de la France Libre. Au cours de sa brève et glorieuse histoire, le 1er RPIMa a gagné trois fourragères, la Légion d'honneur, la Croix de Guerre TOE et la croix de la Libération.

(1) HAHO (High Altitude High Opening) Ouverture à très haute altitude suivie de pénétration sous voile.
HALO (High Altitude Low Opening) Chute Libre Contrôlée. Il y a un groupe de CRAP par unité RAPAS.

Un armement tout à fait spécial est mis à disposition du 1er RPIMa comme ce mortier commando de 60 mm sud africain et les pistolet mitrailleur H&K MP-5 utilisé par ses servants.

Un camouflage des plus soignés est nécessaire pour le tir de précision à longue distance. Le para vu ici utilise un fusil HECATE de fabrication française.

Ce véhicule tout terrain peut être mis en œuvre pour infiltrer une équipe spéciale.

Le 3ème RPIMa

Le 3ème RPIMa vient de sauter dans la région d'Alméria lors de l'exercice Tramontana 94. Surchargés de paras, les fardier Lohr d'un groupe de mortier de 81 mm se mettent en place.

Unité jeune mais ô combien prestigieuse, le 3ème RPIMa est un régiment hautement respecté au sein de l'armée française puisque avec le 2ème REP et le 8ème RPIMa il est composé de parachutistes professionnels. Parfait outil de gestion de crises, le "3" est sans cesse prêt à intervenir très rapidement par déploiement aérien comme il l'a déjà fait si souvent lors de sa courte mais glorieuse histoire.

Formé en 1948 à Saint-Brieuc, le 3ème Bataillon Colonial de Commandos Parachutistes rejoint aussitôt l'Indochine. Largué à Dong-Khé sur les lieux mêmes des combats, il y gagne une citation en mai 1950. Cinq mois plus tard, à That-Khé, succombant sous le nombre, le bataillon se sacrifie pour sauver les colonnes Lepage et Charton engluées sur la RC-4. Recréé en 1951 sous le nom de 3ème Bataillon de Parachutistes Coloniaux, il se distingue à Na San, ce qui lui vaut une troisième citation. En 1953 il est dissou pour former le 5ème BPVN (Bataillon de Parachutiste Vietnamien) qui disparaîtra à Dien Bien Phu. Recréé à Mont-de-Marsan sous le nom de 3ème Régiment de Parachutistes Coloniaux, avec à sa tête le Lieutenant Colonel Bigeard, le "3" est de toutes les grandes opérations de la guerre d'Algérie. Avec la bataille d'Alger, les combat contre la Willaya IV et les opérations de Timimoun, le 3ème RPC entre dans la légende. Devenu 3ème RPIMa en 1958, le régiment est engagé trois ans plus tard dans l'opération sur Bizerte avant de s'installer à Carcassonne, sa garnison actuelle.

Les marsouins parachutistes du 3ème RPIMa, au cours de ces dernières années ont étés à la pointe de toutes les grandes opérations et se sont vu sollicités au Liban, au Tchad, en RCA, dans le Golfe et au Kurdistan, au Zaïre et au Bénin. En mai 1978 son chef de corps le colonel Salvan est blessé lors d'une embuscade près de Tyr au Liban.

L'Afrique est le terrain de prédilection du 3ème RPIMa, qui se distingue particulièrement en évacuant les ressortissants étrangers au Rwanda lors des opérations "Amaryllis" et "Turquoise".

Formé de quatre compagnies de combat, d'une compagnie d'éclairage et d'appui, d'une compagnie d'instruction et d'une compagnie de commandement et des services, il est en outre doté d'une équipe CRAP (Commando de Recherche et d'Action dans la Profondeur) rompue à toutes les formes d'actions spécialisées.

Sur les hauteurs à l'ouest de la cité médiévale de Carcassonne, la 11ème compagnie, chargée de l'instruction, a installé plusieurs pistes et parcours de combat.

Cinq cellules spécialisées (Commandement, instruction, commando, armement et tir, technique) y forment chaque année 250 engagés volontaires ainsi que des cadres.

Les compagnies de combat vivent un rythme d'activité intense et lorsqu'elles ne sont pas engagées dans une mission d'interposition ou une évacuation de ressortissants, subissent un entraînement aussi intensif que permanent. En un an, un "para" engagé du "3" passe quatre mois Outre-mer, participe à une manœuvre mensuelle ainsi qu'un camp régiment, passe un stage commando et a droit à 45 jours de permission.

La CEA forte de 200 hommes et disposant d'armes lourdes est également sans cesse sur la brèche. En 1991-92 lors d'une "tournante" de quatre mois en RCA, elle participe à trois opérations dans la foulée : Baumier au Zaïre, Verdier au Bénin et Epervier au Tchad.

Cette disponibilité permanente démontre bien l'état d'esprit des Marsouins parachutistes du "3" toujours fidèles à leur devise choc "Etre et Durer".

"Tout est une question de technique" aiment à dire les instructeurs de la 11ème Compagnie chargée de l'instruction. C'est particulièrement vrai pour ces deux marsouins candidats parachutistes engagés sur une piste d'obstacle.

Juin 1991 : Opération Libage dans le nord de la Turquie. Des marsouins parachutistes du "3" offrent de l'eau à des réfugiés kurdes.

Après le saut, souvent commence la marche "KM ranger" comme ici pour ce tireur FR-F2 lourdement chargé qui entame sa progression vers les positions de combat lors de Tramontana 94.

Le béret rouge, n'est pas compatible avec le camouflage mais dans certains pays africains, il garde un aspect psychologique certain, surtout lorsqu'il est porté par des parachutiste du "3".

Le 6ème RPIMa

La section de mortiers lourds du 6ème RPIMa vient d'être mise en place par des Puma de l'ALAT dans la région de Rodez lors d'un exercice. C'est notamment le colonel Bigeard, ancien "patron" du "6" en Indochine qui développa les tactiques héliportées en Algérie.

"Les paras de Bigeard"

Comme pour beaucoup d'unités aéroportées crées au lendemain de la 2ème guerre mondiale, le 6ème Bataillon Colonial de Commando Parachutiste (BCCP) formé à Quimper en 1948, se veut l'héritier des paras de la France Libre. Son insigne avec la dague ailée rappelle la filiation du "6" avec les fameux SAS.

Le bataillon débarque à Saigon en 1948 et est immédiatement engagé en Annam, ou il gagne sa première citation en infligeant à l'ennemi des pertes estimées à 800 tués et 600 prisonniers. Une légende est en train de naître. En février 1951, c'est le combat de Mao-Khe ou au prix de 51 tués, le "6" repousse les Viets durant toute une nuit, ce qui lui vaut une deuxième citation.

En 1952, lui succède le 6ème Bataillon de Parachutistes Coloniaux (BCP) sous les ordres du chef de bataillon Bigeard. Du 19 au 23 octobre, le 6ème BCP au cours d'un véritable marathon de la mort se dégage de Tu-Lè en infligeant des pertes sensibles à l'ennemi, ce qui lui vaut une troisième citation. C'est ensuite Lang-Son où, avec le 8ème BPC, le bataillon saute au cours de l'opération "Hirondelle" et fait un "imposant bilan" avant d'être une nouvelle fois cité à l'ordre de l'armée.

Le 20 novembre, le bataillon saute le premier sur la DZ Natacha à Dien Bien Phu et tombe sur un bataillon Viet qui est repoussé, avant de rentrer sur Hanoï.

Le 16 mars devant l'aggravation de la situation dans la fameuse cuvette, le bataillon "Bigeard" saute à nouveau sur Dien Bien Phu et reprend le point d'appui Eliane 1 le 10 avril.

Le 7 mai après des combats titanesques,le reste du bataillon cesse le combat. 337 paras du "6" sont tombés en Indochine.

Recréé à Marrakech en 1955, le 6ème Régiment de Parachutistes Coloniaux, participe a des opérations de maintien de l'ordre au Maroc avant de gagner l'Algérie en 1957 ou il sera désormais stationné. Pendant plus de quatre ans, les paras vont arpenter le Djebel et participer à des centaines d'accrochages. Lors d'une de ces opérations, le cruel "Colonel" Amirouche chef de la Willaya III est tué, par la 2ème compagnie aux ordres du capitaine Mademba Sy. De retour en métropole, le 6ème RPIMa s'installe tout d'abord à Verdun puis en 1963, à Mont-de-Marsan, son actuelle garnison. Depuis le 6ème RPIMa est sans cesse sur la brèche et les compagnies en alerte "Guépard" interviennent à Djibouti (1967), au Liban à plusieurs reprises notamment en 1983 sous le commandement du Colonel Urwald, actuel inspecteur des TDM, en Nouvelle Calédonie (1988) et au Cambodge (1992-93). Le 6ème RPIMa est d'ailleurs le seul régiment de l'Armée Française dont toutes les compagnies ont effectué un séjour dans ce pays. De septembre 95 à mars 96, le régiment est à Sarajevo ou il effectue avec brio, le passage ONU-OTAN aux cours d'opérations difficiles au caractère militaire très marqué. Cette mission passionnera les appelés et VSL du Colonel Caille.

De nos jours, le 6ème RPIMa est le seul régiment d'appelés parachutistes des TDM. Il combine l'enthousiasme et la générosité des jeunes appelés et l'expérience ainsi que la compétence des cadres d'active. Résolument orienté vers les actions extérieures, le 6ème RPIMa est un régiment qui bouge. Ses compagnies : 4 compagnies de combat, une CEA, une CCS et une UDI (Unité d'Instruction) sont rarement ensemble à Mont-de-Marsan. Dans le cadre de la professionnalisation de l'Armée de Terre, le 6ème RPIMa devrait être dissou en 1998.

En septembre 96, Héliportage pour les paras du "6" lors d'un échange franco russe. Les paras français droppés par une première vague de MI-8/17 protègent la zone de poser pour une deuxième vague. Un exercice impensable il y a cinq ans.

Opération aéroportée près de Rodez. Les gaines viennent d'être larguée, gare à l'atterrissage.

14 juillet 1996. Pour la dernière fois peut être, le "6" défile sur les Champs Elysées.

Attaque chimique ! Lors de l'échange franco russe, les paras testent l'équipement NBC de l'ex-Armée Rouge.

Une image chère au cœur de tout les paras, le "crapahut" dans la rizière ! Ici sous le béret bleu de l'ONU au Cambodge.

8ème RPIMa

Débarquant de leur VAB, les "coyotes" de la 4ème compagnie partent en patrouille sur les Monts Igman. La peinture fatiguée du blindé est typique de la période IFOR.

Le Régiment de la Chimère

"Performant", ce qualificatif s'applique parfaitement au béret rouge du 8ème RPIMa, véritable troupe de choc professionnelle, présente partout ou la France la demande... et lors de ces dernières années, ce fut souvent le cas. Le 8ème RPIMa se singularise par un "esprit de corps" unique lié à une capacité d'adaptation instantanée. Si une crise internationale venait à éclater, il y a de grandes chances pour que les bérets rouges du "8" tout comme ceux du "3" soient parmi les premiers à intervenir. Héritier du 8ème Bataillon de Parachutistes Coloniaux créé en 1951 en Indochine, l'unité s'y distingue immédiatement. Les batailles d'Hoa Binh, de Langson et de Dien Bien Phu lui valent quatre citations. Devenu 8ème Régiment de Parachutistes Coloniaux en 1956, le régiment est alors envoyé en Algérie. En cinq ans d'une guerre sanglante, que les autorités s'obstinent à nommer "opérations de maintien de l'ordre", le 8ème RPIMa met hors de combat 2 800 adversaires et saisi un millier d'armes. Implanté à Castres depuis 1963, le régiment est professionnalisé en 1970 et depuis, les "bérets rouges" du 8ème RPIMa ont toujours gardé cette image de solides soldats de métier immédiatement disponibles pour les "coups durs".

Ceux-ci ne manqueront pas et du Tchad au Liban, de la RCA aux Nouvelles Hébrides ou du Rwanda à la Nouvelle Calédonie, le "8" est sans cesse sur la brèche. Au pays des Cèdres, les interventions du régiment en 1978 et 1982 lui valent une nouvelle citation. En septembre 1989, le "8" est une fois de plus au Tchad et un de ses éléments est parachuté en plein désert sur l'épave du DC-10 d'UTA détruit par un attentat.

En mai 1990, c'est l'opération Requin au Gabon et l'évacuation des ressortissants de Port-Gentil. Un an plus tard les CRAP du régiment sont engagés à Koweit City tandis que des compagnies participent, un peu plus tard, à l'opération Libage au Kurdistan. En octobre de la même année, nouvelle opération d'évacuation de ressortissants au Zaïre lors de l'opération Baumier. Après un séjour au Cambodge en 1992, le "8" est engagé à Sarajevo en 1994/95. Au cimetière juif, un marsouin parachutiste est littéralement "assassiné", à son poste d'observation par un sniper. Le régiment aura onze blessés lors de ce mandat. Après avoir assuré la protection des derniers essais nucléaires français à Mururoa, le "8" retourne en Bosnie en 1996 sous les couleurs de l'IFOR. Deux membres du régiment sont hélas tués dans un accident lorsque leur VAB se retourne à Igman.

L'organigramme du 8ème RPIMa est semblable à celui des autres régiments parachutistes avec 4 Compagnies de Combat, une CCS, une CEA, et un Groupement d'Instruction, mais on n'y trouve en plus une compagnie antichar. Cette unité propre au "8" dispose de deux sections antichars à 12 postes MILAN et une section d'éclairage et de reconnaissance. Depuis sa création, 19 officiers, 69 sous officiers et 381 marsouins parachutistes sont morts pour la France au sein de ce régiment d'élite.

Outre les opérations aéroportées, les paras peuvent être déployés par aérotransport comme cette compagnie du "8" qui "gicle" d'un Transall lors de l'exercice Frégate 88 sur l'aéroport de Rodez.

1995, Le monde change ! Des paras du “8” se rendent à Pskov, pour être breveté tandis que des paras russes visitent Castres et manœuvrent avec leur homologue français.

Les missions de contre-sniping en Bosnie ont permi l’introduction, de nouveaux types de matériel comme ce fusil de précision Hecate, de construction française, en calibre 12,7 mm vu entre les mains des “canaris” de la 3ème Cie.

La nuit appartient au “paras”. Ici lors d’un entraînement dans la montagne Noire non loin de la garnison de Castres.

9ème RIMa : Régiment

Sur le Maroni et ses affluents, la pirogue reste le seul moyen de transport pour pénétrer à l'intérieur du pays et y assurer la souveraineté française ; tâche accomplie par la compagnie du "fleuve" une unité de renfort venue de Métropole et qui passe un séjour de 4 mois en Guyane. Les piroguiers sont du personnel civil ayant un contrat avec l'armée.

d'Infanterie de Marine

Le "Régiment du fleuve et de la foret"

Œuvrant dans un cadre géographique unique, le 9ème RIMa est le type même d'une grande unité des TDM d'outre-mer puisqu'il accomplit un large éventail de missions. Ses Marsouins, appelés de la région Antilles-Guyane, épaulés par une compagnie de renfort métropolitaine, font respecter la souveraineté de la France sur le bassin du Maroni, soutiennent le commandement militaire local, aident les populations et participent à la défense du territoire.

Crée le 10 mars 1890, au Tonkin, le 9ème Régiment d'Infanterie de Marine, sera marqué par l'Extrême Orient, puisqu'il y restera jusqu'en 1946, y accomplissant une longue série de faits d'arme glorieux. Dès sa création, il participe à la pacification du Tonkin, est engagé au Siam (1893) avant de faire mouvement sur Tien Tsin et Pékin (1900) pour y dégager les concessions européennes assiégées par les Boxer. En janvier 1901, le régiment prend l'appellation de 9ème Régiment d'Infanterie Coloniale et participe a des opérations de maintien de l'ordre en Indochine jusqu'en 1940. En 1918, deux de ses compagnies sont au combat contre les Bolcheviks au sein du Bataillon Colonial Sibérien. En septembre 1940, un premier combat contre les japonais voit le régiment être cité à l'ordre de l'armée. Un an plus tard, le 9ème RIC défend le Cambodge contre le Siam. Lors de l'ignominieux coup de force des japonais le 9 mars 1945, le 9ème RIC enfermé dans la citadelle d'Hanoï, résiste avec l'énergie du désespoir avant de succomber sous le nombre. Son drapeau est enterré pour ne pas tomber aux mains de l'ennemi. L'héroïque défense d'Hanoï lui vaut une citation. Recrée six mois plus tard, il est dissout en 1946 avant de renaître en 1956 avec trois bataillons de rappelés qui seront engagés en Kabylie. Le 1er décembre 1958, il redevient le 9ème Régiment d'Infanterie de Marine et se distingue au combat de Bordj Menaiel et de Palestro avant d'être dissou à son retour en métropole.

Un 9ème BIMa est recrée en Guyane le 1er septembre 1976 et tient garnison à Cayenne et Saint Jean du Maroni. Le 1er octobre 1992, il retrouve sa dénomination originelle de 9ème RIMa. Le corps dispose d'une compagnie de combat, la 1ere Compagnie dite "de la foret", d'une compagnie de renfort "du fleuve", d'une compagnie de commandement et logistique et d'une compagnie de Quartier Général. Le Groupement Maroni, composé de la Compagnie de fleuve, d'une section de piroguier et d'une section d'éclairage de reconnaissance assure la surveillance du fleuve, principale mission opérationnelle du régiment.

Lors de la guerre civile au Surinam (1990), une série de postes de surveillance est établie sur la rive française du fleuve. De ces postes les Marsouins observent les combats et recueillent les réfugiés. De nos jours, les patrouilles fluviales de longue durée font respecter la souveraineté française sur le grand fleuve et avec la Gendarmerie tra-

Des "blindés colos" dans l'arroyo. Ces "antichars MILAN" du 1er RIMa goûtent aux joies du crapahut en jungle. Ce sera sans doute une expérience unique pour ces marsouins plus habitués aux cieux des Balkans qu'à la voûte inquiétante de la foret équatoriale.

Patrouille fluviale pour ces appelés "Antilles-Guyane" du 9ème BIMa à l'été 1990. De nos jours le régiment compte une douzaine de grandes pirogues.

La connaissance de la "selva" et de sa faune est indispensable aux marsouins qui, au cours de leur temps de service, iront en jungle. Ici un sous-officier manipule avec précautions un boa émeraude.

En 1990, la guerre civile fait rage au Surinam. Pour contrôler l'afflux de réfugiés mais aussi faire respecter la souveraineté française sur le fleuve, le 9ème BIMa a installé une série de postes sur le Maroni, d'ou les marsouins suivent quelquefois en direct les combats sur l'autre rive.

La pirogue ne passe plus ; aussi faut il se mettre à l'eau pour dégager les troncs qui bouchent l'arroyo. Rester sec est pratiquement impossible lors d'une patrouille profonde.

quent les immigrés clandestins dans le cadre du plan Alize Bis. La compagnie de la forêt, composée en majeure partie d'appelés des Antilles-Guyane, a pour mission de maintenir une présence à l'intérieur et sur la frontière sud du département. Cette mission se fait au cours des fameuses patrouilles "profondes" ou pendant trois semaines, les marsouins vivent dans la jungle sud américaine. Infiltrés par pirogue ou plus rarement par hélicoptère, les hommes effectuent entre trois et cinq kilomètres par jour avant d'établir un bivouac, de se laver et de chasser. Dans cette terre d'aventures que reste la Guyane, le 9ème RIMa, grâce à la richesse et la diversité de son recrutement, est une unité exceptionnelle capable de vivre et combattre dans un environnement bien particulier.

33ème RIMa (Martinique)
41ème BIMa (Guadeloupe)

Dans un champ de cannes à sucre de Grande Terre, un peloton mortier du 41ème BIMa à pris position. Au sein des Forces Françaises aux Antilles, 80 % des Marsouins sont antillais.

GUYANE
MARTINIQUE
GUADELOUPE
33

La France aux Antilles

L'histoire militaire des Antilles se confond également avec celle des Troupes de Marine puisque, dès le XVIIème siècle, les Compagnies de la mer servent à bord des vaisseaux du Roy qui ne manquent pas de séjourner dans les îles et d'y combattre Anglais, Espagnols et Hollandais. Un siècle plus tard, on retrouve dans les huit régiments d'Outre-mer, le régiment de la Guadeloupe et celui de la Martinique. De nos jours, les Antilles restent à 7 000 km de la métropole, une zone de rayonnement culturel français aux portes de l'Amérique anglo-saxonne ou hispanique. Au sein des Forces Armées aux Antilles (FAA) comprenant différents ensembles interarmées, servent le 33ème RIMa en Martinique et le 41ème BIMa en Guadeloupe ainsi que deux grandes formations du Service Militaire Adapté (SMA). La mission principale des FAA consiste à affirmer et, le cas échéant, à défendre la souveraineté française, participer à des activités à caractère humanitaire et aider les services publics en cas de catastrophes naturelles. Guadeloupe et Martinique sont des zones sismiques et volcaniques qui, de plus, sont soumises à l'influence des cyclones. Si, avec la fin de la guerre froide, la menace militaire communiste a disparu, les Antilles demeurent néanmoins une région pouvant facilement être troublée par une déstabilisation politique ou économique aux conséquences sociales imprévisibles. De plus, l'arc antillais est fragilisé par l'importance croissante du trafic international des stupéfiants et, dans cette guerre non déclarée du grand banditisme au monde libre, les forces françaises des Antilles risquent de jouer un rôle prépondérant. Aussi les deux unités TDM multiplient les contacts et entraînements en commun avec les grands alliés américains, britanniques et néerlandais dans la région mais également avec les Forces armées de la Jamaïque, de la République Dominicaine, de la Barbade, de Trinidad et Tobago ainsi que du Vénézuéla et de la Colombie. Plus d'un tiers des stagiaires du Centre d'entraînement commando (CNEF) de la Martinique sont des étrangers.

La principale unité de combat des Forces armées des Antilles est le 33ème RIMa basé à Fort de France. Régiment de réserve du 3ème RIC le 33ème Régiment d'Infanterie Coloniale est constitué en 1914 à Rochefort-sur-mer. Deux citations, la Croix de Guerre 1914-18 et les inscriptions Champagne 1915, Ardennes 1917 et Verdun 1917 sur son drapeau témoignent de sa valeur et du sacrifice suprême consentis par 1625 de ses marsouins aux cours de la Grande Guerre. En 1940, il devient 33ème Régiment d'Infanterie Coloniale Mixte Sénégalais et se comporte vaillamment à Amiens ce qui lui vaut une citation et la Croix de Guerre 1939-40. Reconstitué le 1er avril 1961 comme régiment de tradition des Antilles, il tient garnison à la Martinique Son effectif actuel est de 1 100 hommes répartis en quatre compagnies de combat, dont une est fournie par un régiment d'appelés de Métropole. On y trouve également une section SATCP Mistral, une section MILAN et une section d'éclairage ainsi que le centre d'entraînement commando. Créé sous sa forme actuelle le 1er août 1987 par fusion du 41ème BCS et d'une compagnie du 33ème RIMa, le 41ème BIMa avec 423 hommes tient garnison à la Guadeloupe. Conservant la filiation des Tirailleurs Malgaches, son drapeau est l'un des rares à porter les trois Croix de Guerre. Le bataillon est actuellement composé d'une CCL et d'une compagnie de combat motorisée.

Sous les tropiques, le camouflage peut quelquefois poser des problèmes. Ici un poste MILAN du 33ème RIMa s'est positionné sous un jacaranda.

Une P-4 d'une section de reconnaissance du 41ème BIMa patrouille sur Basse Terre

Un SATCP Mistral du 33ème RIMa protège les installations portuaires de Fort de France.

Image de tradition au camp François de Fort de France.

Un légionnaire du 3ème REI profite des installations du CNEF de Fort de France.

Entraînement nautique à Pointe à Pitre pour des recrues du 41ème BIMa

2ème RPIMa

Poser d'assaut, par la 2ème compagnie sur l'aéroport de Pierrefonds à Saint Pierre. Dans l'immensité de l'océan indien, le poser d'assaut par Transall, reste un des meilleurs moyens de déployer des troupes.

"Les paras de l'Océan Indien"

Fer de lance des FAZSOI (Forces Armées dans la Zone Sud de l'Océan Indien), le 2ème RPIMa est un régiment jeune qui se caractérise par son dynamisme et son aptitude à la collaboration interarmées, indispensable dans l'immense zone d'opération de l'Océan Indien.

Formé en Angleterre à partir des compagnies de l'Air, le 2ème RCP (Rgt de Chasseur Parachutiste) est parachuté en Bretagne le 5 juin 1944 ou il va particulièrement s'illustrer avant d'être utilisé en flanc-garde de l'Armée Patton. En 1947, le 2ème Bataillon Colonial de Commandos Parachutistes part en Indochine, ou il combattra jusqu'en 1953 en étant cité trois fois à l'ordre de l'Armée.

De 1955 à 1962, le régiment devenu 2ème Régiment de Parachutistes d'Infanterie de Marine sert en Afrique du Nord sous les ordres d'un chef prestigieux, le colonel Chateau-Jobert, dit "Conan" avec lequel il saute sur Port Saïd le 5 novembre 1956.

En juillet 1961, un autre saut opérationnel l'entraîne sur Bizerte ou il brise l'étreinte tunisienne. Dissou en 1962, le 2ème RPIMa est recrée à Madagascar en 1965 avant de rejoindre sa garnison actuelle de la Réunion le 10 août 1973. C'est là qu'il intègre en son sein la 2ème Compagnie de Bourbon, unité de tradition de l'île et dont un des grand ancêtre est le Régiment des volontaires de Bourbon de 1799. Actuellement, le régiment tient garnison à Saint Pierre dans le sud de l'île. Le 2ème RPIMa s'articule autour d'un état-major, d'une compagnie TAP (Troupe Aéroportée) qui comprend les CRAP, une section mer et une section d'éclairage et d'appui et de la 2ème Compagnie motorisée amphibie dite Compagnie Bourbon et composée d'appelés réunionnais. La 3ème Compagnie TAP dite "tournante" et provenant de régiments parachutistes métropolitain vient d'être dissoute. Il existe également une Compagnie de Commandement d'appui et des Services qui comprend notamment une section de livraison par air, une section de mortier de 81 mm, un Centre d'Entraînement Commando et un peloton cynophile. Seule grande unité d'infanterie permanente dans cette zone stratégique, le RPIMa outre de nombreux exercices avec ses voisins Sud Africains, Malgaches ou Mauritiens a été engagés au Rwanda dans le cadre de l'opération Turquoise, en Somalie et aux Comores lors de l'opération Azalée.

Le 2ème RPIMa détache également des sections de combat sur les îles éparses dans le très stratégique canal du Mozambique afin de faire respecter la Souveraineté française. La restructuration et la professionalisation de l'Armée française verront sans doute le 2ème RPIMa récupérer une compagnie tournante. Dans ce cadre, le 2ème RPIMa va également hériter des missions de soutien du 53ème BCS dont la dissolution est programmée pour 1997 et qui entraînera sans doute la création d'une nouvelle compagnie. Quoiqu'il en soit ce régiment particulièrement dynamique sera toujours fidèle à sa vieille devise "Ne pas subir".

Séance de saut à Saint Pierre pour la 1ère compagnie. Grâce aux deux Transall, basés à la Réunion, la 1ère compagnie garde une excellente capacité opérationnelle dans les opérations aéroportées. Le régiment saute au moins deux fois par mois.

Masqué, ce CRAP du 2ème RPIMa vient de prendre position dans un champs de lave lors d'une démonstration pour l'état-major des Fazsoi. Dans la réalité les CRAP n'opèrent que de nuit.

Opération Turquoise 1994, la 1ere compagnie assure la garde de la base logistique de Goma au Zaïre.
La compagnie a été engagée en Somalie, au Zaïre et au Comores.

53ème BCS

"Le Bataillon Bourbon"

L'origine du 53ème BCS (Bataillon de Commandement et de Soutien) remonte au 53ème RIC qui se couvrit de gloire pendant la Grande Guerre et en mai 1940 avant d'être dissou. Recrée en 1943 comme Bataillon de Marche de la Réunion, il sert à Madagascar avant de devenir en tant que 53ème BCS, la principale unité de soutien des FAZSOI. Basé sur plusieurs implantations à Saint Denis, il comprend un état-major, deux compagnies et un Détachement de soutien technique. Réparer, entretenir, stocker, distribuer sont les tâches des Marsouins Réunionnais du 53ème BCS qui en cas de guerre est également responsable de la mise sur pied du Bataillon Bourbon.

Un sous-officier du 53ème BCS travaille sur le moteur d'un camion Berliet à Saint Denis.
Stocker, distribuer, entretenir et réparer sont les principales tâches du 53ème BCS.

5ème RIAOM

Drill antiambuscade pour ces “Cynos” de la 1ère compagnie qui s’extraient à toute vitesse de leur VLRA dans les gorges d’Arta.

Les "gardiens de la Corne de l'Afrique"

Suite à une série d'accords de défense avec la République de Djibouti, la France entretient sur place une importante garnison interarmées. Au coude à coude avec les légionnaires de la 13ème DBLE (Demi Brigade de la Légion Etrangère) les marsouins du 5ème RIAOM (Régiment Inter Armes d'Outre-Mer) défendent cette position hautement stratégique aux confins de l'Afrique et de la péninsule arabique. Havre de paix dans une région meurtrie par trente ans de conflit, Djibouti contrôle les débouchés sud de la Mer Rouge et donc tout le trafic maritime du monde arabe avec les géants économiques asiatiques. Escale sur la route de la Réunion, la place s'est également révélée une base logistique de tout premier ordre durant les interventions de la France dans le Golfe, en Somalie et au Rwanda. Gardien de la Corne de l'Afrique, le 5ème RIAOM qui est la plus importante des formations TDM Outre-mer, tient garnison à Djibouti depuis 1969.

Créé en 1890 par dédoublement du 1er RIMa, le 5ème Régiment d'Infanterie Coloniale quitte sa garnison de Lyon en 1914 pour être engagé à Walsheid ou il soutient les assauts répétés d'un corps d'armée allemand. Des Eparges à l'Aisne et de la Picardie à Verdun, le 5ème RIC est sans cesse sur la brèche et perdra 238 officiers et 10 354 hommes... un terrible prix récompensé par la fourragère et trois citations. Devenu 5ème RICMS (Rgt d'Infanterie Coloniale Mixte Sénégalais), il se bat avec acharnement durant la campagne de 1940 mais, réduit à un petit bataillon sans munitions, doit capituler avec les honneurs de la guerre, le 23 juin.

Le 1er novembre 1943 est créé à Alger un corps léger d' intervention qui prendra le nom de 5ème RIC le 1er mai 1945. Il comprend diverses formations dont le fameux commando SAS Ponchardier composé pour deux tiers de coloniaux et pour un tiers de marins. Engagées séparément en Indochine, toutes ces formations s'y couvriront de gloire.

Le 1er décembre 1958, le 5ème Régiment Interarmes d'Outre-Mer est crée à Bamako et reçoit le drapeau du 5ème RIC. Dissout à plusieurs reprises le 5ème RIAOM renaît à Djibouti après le changement d'appellation du 57ème RIAOM gardien des traditions du Bataillon Somali, une unité prestigieuse qui s'est distinguée durant les deux grands conflits mondiaux (7 citations). Riche en traditions, le 5ème RIAOM est une unité unique caractérisée par la valeur et la polyvalence de son personnel ; on y trouve en effet des fantassins de marine, des "blindés colos" et des bigors. Le régiment comprend une compagnie d'infanterie motorisée "Les Cynocéphales" basée à Arta, deux escadrons blindés sur ERC-90 Sagaie, une batterie d'artillerie sol-sol avec des obusiers US HM-2 de 105 mm et des canons BF-50 de 155 mm, une batterie sol air avec des SATCP Mistral et une compagnie de commandement et de soutien. Le 5ème RIAOM se caractérise par son aptitude à collaborer avec l'Armée de l'Air et la Marine. Poser d'assaut de Transall avec Sagaie en soute, débarquement amphibie avec l'EDIC (Engin de Débarquement d'Infanterie et de Char) ou sling de canons par les Puma du DETALAT par 50° à l'ombre sont le quotidien du régiment. Il est

Ce Puma du DETALAT s'apprête à soulever un canon HM-2 de la batterie sol-sol ; opération rendue difficile par la chaleur et le sable.

Mistral SATCP de la batterie sol-air monté sur un camion léger TRM-1000. Très performants ces missiles protègent les colonnes motorisée du 5ème RIAOM et sont également utilisés pour la protection de l'aéroport d'Ambouli.

Cette Sagaie est embossée sur un "kéké" non loin de la frontière somalienne, noter le tireur d'élite en position près du blindé.

Pièce d'artillerie déjà ancienne, le BF-50 de 155 mm est néanmoins performant à Djibouti, malgré une mise en batterie laborieuse. Ici la protection rapprochée de la batterie est assurée par un VAB de la Légion Etrangère.

également engagé lors de manœuvres dans les Emirats Arabes Unis et au Qatar. En mai 1991, l'Ethiopie communiste s'effondre mais 40 000 soldats éthiopiens dotés de matériel lourd vont essayer de s'octroyer un droit de passage sur le territoire Djiboutien. Après une phase d'observation très tendue, marsouins et légionnaires désarmeront et ravitailleront ensuite ces hommes lors de l'opération Godoria. Au cours de l'opération Oryx en Somalie, des éléments du 5ème RIAOM participent à un furieux combat de rue pour dégager marocains et pakistanais piégés dans Mogadiscio.

Recouverte d'un filet de camouflage et armée de deux mitrailleuses AA-52, cette P-4 va embarquer dans un EDIC de la Marine Nationale.

Symbole de la coopération interarmes propre au FFDJ, un sous officier du "5" guide un Puma...

A Djibouti, le chèche est indispensable pour les sorties terrains mais savoir le nouer correctement est tout un art.

... qui aussitôt débarque des "Cynos" de la 1ère Compagnie.

10ème BCS

Changer un moteur de Sagaie par 50° à l'ombre n'est pas une sinécure, c'est pourtant une opération couramment réalisée par les marsouins du 10ème BCS.

Au crépuscule, des marsouins transmetteurs du 10ème RCS montent une antenne radio. 17 juin 1993. Plus au nord à Baïdoa, le régiment va réussir à pacifier la région et à relancer l'économie locale... une œuvre bien dans les traditions des TDM représentées dans la Corne de l'Afrique par le prestigieux 5ème RIAOM.

Le 6ème BIMa

Brancardage dans les palétuviers de la piste Malibe. Le CEC FOG dépendant du 6ème BIMa est une école de ténacité et de courage pour les stagiaires qui y feront un séjour lors des "tournantes".

Les "Tigres noirs de la jungle africaine"

Traversé par l'équateur, le Gabon occupe au sein de l'armée française et des TDM une place de choix. Un séjour dans ce pays relativement riche et peu peuplé est pour le Marsouin une expérience des plus enrichissantes.

La présence militaire française y est assurée par les troupes françaises au Gabon composée du 6ème RIMa et d'un petit détachement air doté d'un Transall et d'un hélicoptère Fennec, le tout étant sous les ordres du chef de Corps du 6ème BIMa. Au total 620 militaires français servent au Gabon dont 568 pour l'Armée de Terre.

Créé à partir du 2ème RIMa en 1890, le 6ème BIMa actuel est en filiation directe avec le 6ème RIAOM, le 6ème RIC et le 6ème RTS. Du Mexique (1863) à l'Extrême Orient (1885), durant la Grande Guerre, notamment à Verdun, et pendant les combats de la Libération, le 6ème de Marine est de tous les combats. De 1945 à 1954, il est en Indochine ou s'illustre particulièrement un de ses membres, l'adjudant Vandenberghe qui crée les "Tigres noirs". Cette unité, composés d'anciens Viêt-minhs et utilisant ses méthodes, frappera loin derrière les lignes ennemies. Le Tigre noir est toujours présent sur l'insigne du régiment. Le drapeau du 6ème BIMa totalise huit citations qui lui valent une double fourragère aux couleurs de la médaille militaire et de la croix de guerre TOE.

La mission du 6ème BIMa actuel est de pouvoir en toutes circonstances, être en mesure de conserver la plate-forme aéroportuaire de Libreville, d'accueillir les renforts planifiés et de protéger et évacuer les ressortissants français. Sur ordre le bataillon peut participer à la défense du Gabon, lié à la France par des accords de défense, ou renforcer toute action extérieure en Afrique comme ce fut le cas lors de l'opération Turquoise au Rwanda et en RCA.

Pour remplir ces missions, le 6ème BIMa dispose d'une unité de commandement et de logistique (UCL) permanente basée au

Patrouille fluviale à Port Gentil avec des embarcations du Centre d'Entraînement Nautique.

L'Afrique est une fantastique école de conduite ; ici un VLRA de la COMOTO en action sur une piste.

Le combat classique sous l'équateur se limite souvent à l'ouverture d'axe, comme ici, il est pratiqué par le peloton d'AML de l'UCL.

Camp de Gaulle à Libreville et de deux compagnies tournantes venant de Métropole tous les quatre mois. Les "tournantes" qui fournissent une compagnie motorisée (COMOTO) et une compagnie de parachutistes proviennent de la FAR et n'appartiennent donc pas spécialement aux TDM.

Lors de troubles à Port Gentil, les compagnies tournantes sont intervenues lors de l'opération Requin afin de protéger les ressortissants français. L'UCL possède en permanence un peloton de blindés AML et peut le cas échéant fournir un peloton de mortiers de 81 mm.

Le Gabon est un fantastique terrain d'entraînement et les activités d'instruction tiennent une place prépondérante dans la vie du 6ème BIMa qui gère le Centre d'Entraînement Commando en Forêt Gabonaise ainsi que le Centre d'Entraînement Nautique de Port-Gentil.

Au cœur de la grande forêt africaine, les "Tigres noirs" du 6ème BIMa occupent une place privilégiée au sein des TDM.

"Tous les sens aux aguets" un marsouin provisoire du 1er RI progresse dans la brousse gabonaise.

Dans la jungle, tous les moyens de transport sont bons. Ici des hommes du 1er RI en "tournante" ont pris place sur les AML de l'UCL.

Le CEC FOGA

Créé en 1985, le CEC FOGA ou Centre d'Entraînement Commando en Forêt Gabonaise est dirigé par un officier et 25 cadres attachés au 6ème BIMa.

Au cours d'un stage de trois semaines, les stagiaires issus des compagnies tournantes, apprennent à survivre, se déplacer et combattre dans un environnement de mangroves ou de forêt équatoriale africaine. Un effort physique prolongé et intense est sollicité sous une température moyenne de 30° et avec un taux d'humidité de 90 %. Un des point fort du stage est le franchissement de la fameuse piste Malibé longue de 3,8 km et comprenant une vingtaine d'obstacles immergés dans la mangrove qui doit être parcourue par une section en quatre heures maximum. Des cours sur les piégeages, la faune et la flore sont également donnés aux stagiaires qui terminent le stage par un raid synthèse en ambiance de survie d'une durée de huit jours. Au CEC FOGA les marsouins apprennent que la jungle est neutre.

Couvert de sueur, ce para du 9ème RCP en stage au CEC FOGA apprend les rudiments du combat en jungle. Il est armé d'une MINIMI.

L'art du piégeage est enseigné au CEC FOGA par des instructeurs particulièrement compétents. La "boule" descendant d'un arbre à grande vitesse, reste un piège simple mais efficace.

"Les masques de boue"
Les visages de ces paras du 9ème RCP (Rgt de Chasseurs parachutistes) en dit long sur l'effort physique subit dans la "fosse" un des points forts de la fameuse piste Malibe.

23ème BIMa : Bataillon

d'Infanterie de Marine

Soutenue par, une AML, l'infanterie portée sur VLRA débarque et engage le combat, lors d'un exercice non loin de Dakar.

Les Marsouins du Sahel

Dakar est à la fois la porte de l'Afrique et celle de l'Atlantique sud... les côtes brésiliennes ne sont qu'a 3 000 Km et la place, contrôlant de nombreuses routes maritimes, a largement prouvé sa valeur stratégique lors de la deuxième guerre mondiale. Suite à l'accord de défense de 1974, mais également en raison de nombreux liens historiques et affectifs liant le Sénégal à la France, celle-ci entretient à Dakar une force interarmées dénommée Forces Françaises du Cap Vert (FFCV).

Basé au Camp Bel Air près de Dakar, le 23ème BIMa est la principale composante terrestre des FFCV, tant en volume qu'en capacité d'intervention. Le 23ème BIMa recueille le glorieux héritage du 23ème RIC crée en 1902 et à partir de 1944 du 13ème RTS.

Douze noms de batailles, deux fourragères dues à neuf citations, ornent son drapeau. Après cinq ans de campagnes au Maroc de 1908 à 1913, les coloniaux du 23ème RIC prennent le chemin de la métropole pour participer à la première guerre mondiale.

Plus de 10 000 marsouins y laisseront leur vie et le régiment se distingue en Champagne (1915) au chemin des Dames (1917) à Reims et dans les Vosges (1918). En mai 1940, à Bitche, il mène des combats retardateurs acharnés ; une de ses compagnies est citée pour avoir résisté jusqu'à la dernière cartouche. Le 14 juin, dans l'Argonne le 23ème RIC mène une superbe contre-attaque et reprend la côte 304 et le Mort-Homme tristes lieux de la Grande Guerre, avant sa dissolution en juillet 1940. Recrée le 1er novembre 1944 à partir du 13ème RTS, il s'illustre à l'île d'Elbe, en Alsace et en Allemagne avant d'embarquer pour l'Indochine ou il sera de tout les combats jusqu'au cessez le feu de 1954. Après avoir participé à "l'affaire de Suez" le 23ème RIMa prend part à la pacification de l'Algérois et après un séjour en Métropole est dissouts le 30 juin 1979.

De nos jours, le 23ème BIMa, avec un effectif de 500 hommes comprend une compagnie de commandement et des services, la 1ère compagnie d'infanterie à trois sections de combat plus une d'appui et le 2ème escadron comprenant deux pelotons blindés et deux sections de combat. 120 véhicules tactiques, indispensables pour les longs raids dans le Sahel, comprennent des VLRA et des P-4 MILAN. Les blindés sont représentés par 8 AML-90 et 2 AML-60.

Les missions du 23ème BIMa sont les suivantes :

Protéger les installations aéroportuaires des FFCV, accueillir et équiper les renforts éventuels venant de France, et entretenir les matériels prépo-

Un peloton mortier de 81 mm à pris position au pied de baobabs, arbres symbole du Sénégal. En Afrique, le 81 mm particulièrement bien adapté au terrain reste "l'artillerie du capitaine."

Ce fier Marsouin, vu lors d'une prise d'Arme au camp Bel Air a sans doute des ancêtre ayant servi dans les fameux tirailleurs sénégalais dont le 23ème BIMa a recueilli le glorieux héritage.

L'increvable AML est bien sûr de toutes les sorties terrain. Ici un exemplaire du 2ème escadron.

sitionnés à cet effet ; le cas échéant participer à l'évacuation et à l'accueil de ressortissants français et de participer à la mise en condition opérationnelle des forces armées sénégalaises. S'engager éventuellement à leurs cotés en cas d'agression extérieure.

Les cadres du 23ème BIMa insistent particulièrement sur ce dernier point, à cause de la longue tradition d'Arme franco-sénégalaise.

Entraînement intensif, exercices amphibies, manœuvres franco-sénégalaises "N'Djambour", campagne de tir à Docji en Côte d'Ivoire et longue nomadisation dans un superbe pays sont le quotidien des Marsouins du 23ème BIMa. Une unité de combat opérationnelle parfaitement intégrée dans son environnement sénégalais et interarmées.

Une section du 2ème escadron en position de combat. L'armement est conséquent FAMAS, LRAC de 89 mm et la 12,7 placée sur le VLRA.

Tireur d'élite en position dans un baobab.

43ème BIMa "Les Marsouins

de la Brousse"

Le groupe Lagune dépendant de l'escadron blindé du 43ème BIMa en action. Le groupe dispose de trois barges et six zodiac pouvant opérer sur les lagunes de la région d'Abidjan.

Créé pour la "Grande Guerre", le 2 Août 1914, le 43ème Régiment d' Infanterie Coloniale, se distinguera particulièrement dans les affrontements titanesques du front ouest. Presque tous les noms de batailles de ces sanglantes et glorieuses années se retrouvent sur le drapeau du 43ème RIC. A peine créé il est engagé sous Nancy où il perd 500 Marsouins et son premier Chef de Corps, le Lieutenant Colonel Tardiu.

Acheminé en toute hâte vers l'Artois, ou déferle l'ennemi, il livre de furieux combats devant Arras et sa conduite dans la défense du fort de Givenchy lui vaut une deuxième citation en 1915. Reconstitué au début de 1916, il se lance à l'assaut des positions du Seppois en Alsace avant d'être engagé dans la fournaise de Verdun où pour la première fois, les allemands cèdent du terrain dans le secteur de Tavannes.

En 1917, avec les tirailleurs sénégalais qui l'accompagnent le 43ème se bat sans relâche au Chemin des Dames. Craonne, Hurtebise et le Moulin de Laffaux voient les marsouins du "43" décrocher au prix de lourdes pertes, la fourragère aux couleurs de la Croix de Guerre.

Mars 1918 voit se dérouler la dernière grande offensive de Ludendorf sur Reims, qui se brisera sur le 1er Corps Colonial. Le "43" s'accroche pendant quatre mois au bois de Vrigny et au saillant de la côte 240 commandant l'accès à la capitale champenoise et ajoute deux palmes à sa croix de Guerre. En octobre, l'ennemi commence à lâcher pied et le "43" le poursuit sur la Suippe, l'Aisne et la Hundig Stellung jusqu'au 11 Novembre. Né pour la "Grande Guerre" le 43ème RIC ne lui survivra pas mais son drapeau portera les noms de Lorraine (1914), Artois (1915), Verdun (1916), L'Aisne (1917), Reims (1918), Champagne (1918).

Recréé en août 1939, le 43ème RIC prend position dans le secteur de Forbach d'ou il exécute de nombreux "coups de main" durant la "drôle de Guerre".

Mai 1940, le voit s'installer sur les côtes de Meuse, ou il reçoit de plein fouet l'assaut des Panzers de Guderian , ce qui ne l'empêche pas lors d'un assaut à la baïonnette de reprendre les hauteurs de Stenay, position qu'il tient jusqu'au 23.

Relevé en raison de ses pertes, il est utilisé en retrait sur les hauteurs de l'Aisne mais se retrouve encerclé le 13 mai à Givry.

Se dégageant par une énergique contre attaque, le 43ème se replie sur Vaubecourt ou l'armistice le surprend. Deux tiers de ses effectifs sont tombés mais le drapeau sera sauvé de l'ennemi par un commandant.

Reformé en Tunisie, à base de Tirailleurs Sénégalais, le 1er décembre 1940, le 43ème RIC ne participera pas aux opération en Métropole mais s'embarque pour l' Indochine en février 1946 après avoir été restructuré et perdu ses "africains".

Ses bataillons dispersés en Cochinchine au Cambodge et dans la plaine de joncs, participent à la pacification du sud de 1947 à 1953 et gagnent la Croix de Guerre des Théâtres d'Opérations Extérieurs. En 1954 au sein du fameux Groupe Mobile 100, il affronte en Annam, les divisions régulières Viet Minh.

En Avril 1956, le 43ème BIC retrouve l'Afrique du Nord. Implantées dans la région de Phillipeville, ses cinq compagnies et trois harkas, chassent les bandes rebelles mais contribuent également à l'aide aux populations regroupées et à la protection de l'activité économique.

Après la guerre d'Algérie, le 43ème BIC gagne Offenburg dans le pays de Bade ou il devient le 43ème Régiment Blindé d'Infanterie de Marine, au printemps de 1960. Pendant dix huit ans, il servira au sein des Forces Françaises d'Allemagne dans les structures d'une formation de chasseurs de chars puis d'infanterie mécanisée. Un certain Johnny Halliday y fera son service national. En 1978, le plan

"Drill" anti-ambuscade. Les Marsouins "giclent du VLRA et se mettent à couvert.

L'AML-90 reste la "reine de l'Afrique" et le fer de lance de l'escadron blindé du 43ème BIMa . Ici les AML-90 en action lors d'un tir à Lomo-Nord.

de restructuration de l'Armée de Terre, lui vaudra une orientation nouvelle plus conforme à sa vocation Troupes de Marine. C'est ainsi que le 43ème BIMa gagne son quartier actuel de Port-Bouet près d'Abidjan ou depuis juillet 1978, il demeure la pièce maîtresse des Troupes Françaises en Côte d' Ivoire. Dans ce pays économiquement et politiquement stable, ami de la France que le 43ème BIMa s'efforce de donner la meilleure image de l'Armée Française. Le Chef de Corps qui est également COMTROUP (Commandant des T.F.C.I.) dispose d'un Etat-Major, d'une Compagnie de Commandement et des Soutiens, d'un escadron blindé, et de petits détachements interarmées. La mission du bataillon est une mission de présence et de collaboration et de soutien avec les Forces Armées Ivoiriennes.

"La présence des T.F.C.I est un gage de stabilité et donc de développement économique" a récemment affirmé le président Ivoirien.

Le fer de lance du 43ème BIMa est constitué par l'escadron blindé qui compte trois pelotons blindés sur AML-90 et P-4, deux sections d'infanterie motorisée sur VLRA et le peloton de commandement. Particularité unique, de ce dernier peloton dépend le groupe lagune avec trois barges et six Zodiac. Abidjan étant une cité bâtie sur plusieurs lagunes, la présence de cette petite unité est indispensable pour les opérations d'évacuation et de protection de ressortissants au cas où les ponts seraient coupés. L'escadron blindé disposait d'un peloton "tournant" venant de métropole et relevé tout les quatre mois mais pour des raisons budgétaires, ce peloton a été dissout.

Il est actuellement remplacé par un petit Détachement d'Instruction Opérationnel chargé d'assister l'Armée Ivoirienne.

La C.C.S. a pour mission de soutenir le bataillon dans sa vie de tous les jours, ce qui ne l'empêche pas en cas de crise d'armer cinq sections de combat et deux groupes mortiers de 81mm. Les entraînement au tirs se font à Lomo-Nord, un camp situé en pleine brousse à 200 kilomètres au nord d'Abidjan. Le 43ème BIMa accomplit également de nombreuses tournées d'instruction au coeur du pays et c'est pour le jeune marsouin, une expérience enrichissante et le moyen de connaître cette Afrique chère au coeur des tous les membres des TDM.

Séquence de tir pour une section d'infanterie de l'escadron blindé.
Couvert par un fumigène FAMAS et LRAC ouvrent le feu, les hommes sont des VSLOM. (Appelé Volontaire Service long Outremer)

Un marsouin de la CCS sert un mortier de 81mm.

Tir à la AA-52 "une vieille dame fiable mais un peu compliquée"

Tir à Lomo-Nord pour les personnels de l'escadron.

RIMaP - Nouvelle Calédonie

Aux Antipodes de la France, à plus de 20.000 Km de la Métropole, s'étend la Nouvelle-Calédonie et Dépendance ou sert au sein des F.A.N.C (Forces Armées de la Nouvelle-Calédonie) le prestigieux Régiment d'Infanterie de Marine du Pacifique Nouvelle-Calédonie ou RIMaP-NC. La réputation de guerrier des gens du Pacifique n'est plus à faire et ces français des Antipodes répondirent présent dès la première guerre mondiale. En juin 1918, au cours d'une action brève mais brillante, le Bataillon de marche s'empare du village de Vesle-et-Caumont et est cité à l'ordre de la 10ème Armée.

En 1940, les possessions françaises du Pacifique, répondent oui à l'appel du 18 juin et l'année suivante, le Bataillon du Pacifique est incorporé à la 1ere Brigade Française Libre du Général Koenig stationnée en Syrie. C'est ensuite la campagne de Libye et l'épopée de Bir-Hakeim où aux cotés des Légionnaires de la 13ème DBLE, les marsouins du Pacifique se couvrent de gloire. A deux jours d'intervalle, lors de cette bataille, le Bataillon du Pacifique perd ses deux premiers Chefs de Corps, le Lieutenant Colonel Broche et le Commandant Savey. Après la Libye, le Bataillon qui a pris comme nom Bataillon d'Infanterie de Marine et du Pacifique, est engagé en Tunisie et débarque ensuite en Italie. Engagé sur le Garigliano et le Liri, il entre dans Rome avec le corps expéditionnaire français. 1944 voit la marche victorieuse vers le nord jalonnée par les rudes combats devant Hyère et Toulon, suivis de l'avance sur l'Alsace. Face à l'offensive allemande des Ardennes, le bataillon tient Rossfeld et Herbsheim où il résiste face à de violents assauts. Au printemps 1945, le bataillon est engagé sur le front des Alpes ou il participe à la réduction des positions de l'Authion au prix de lourdes pertes.

En 1948 est créé en Nouvelle-Calédonie le Bataillon Mixte d'Infanterie Coloniale du Pacifique qui prend en 1958 l'appellation de Bataillon d' Infanterie de Marine du Pacifique avant de devenir le RIMaP-NC le 1er janvier 1981.

La caractéristique du RIMaP-NC est d'être un Régiment Interarmes pluritechnique et qui groupe sous le béret à l'Ancre d'Or, la mosaïque de toutes les races de Nouvelle-Calédonie : Canaques, Caldoches, Wallisiens, Tahitiens et même quelques Vietnamiens et Chinois servent au RIMaP- NC. On y trouve des paras, des marsouins, des bigors, des blindés colos sans oublier les indispensables transmetteurs ou personnels des services. Présent à Nouméa, Plum-Mont-Doré et Nandaï Bourail le RIMaP-NC comprend 1158 hommes dont une moitié est professionnalisée. Le Régiment comprend une CCS, quatre compagnies d'infanterie dont une parachutiste venue de Métropole en tournante, un escadron blindé sur AML-90, une batterie d'artillerie sur obusier US HM-2 de 105mm.

La principale mission du Régiment est d'affirmer la présence française dans le Pacifique Occidental. Le RIMaP-NC effectue également des missions d'aide à la population, notamment en période cyclonique et sa compagnie d'instruction basée à Plum incorpore et instruit toutes les recrues du Territoire.

Le 42ème BCS quitte le quartier Gribeauval pour une prise d'Arme. (photo ECPA)

Une AML-90 de l'escadron blindé prête au départ pour une patrouille sur "le Caillou"(photo ECPA)

42ème BCS

Une autre formation dépendant des Troupes de Marine, est stationnée sur "le Caillou".Il s'agit du 42ème BCS basé au Quartier Gribeauval à Nouméa. Il est composé principalement d'une Compagnie de Commandement et de Logistique, d'une Compagnie de Soutien Technique et d'organismes rattachés mis pour emploi auprès de l'état-major des FANC. Il assure, en outre, chaque année le départ en Métropole de 600 appelés calédoniens.

"Crapahut" dans le lagon entourant l'île de Nangale.(Photo ECPA)

RIMaP - Polynésie

En 1860, la garnison de Tahiti comprenait deux compagnies d'Infanterie de marine et deux batteries d'Artillerie de marine. En 1916, est crée le Bataillon Mixte du Pacifique. Envoyé en France, il change deux fois de nom : Bataillon de Tirailleurs du Pacifique puis le 6 avril 1917, Bataillon de Marche du Pacifique. 300 tahitiens sont morts pour la France durant la grande guerre au cours des combats de Salonique (1916), de Champagne (1917) et de la Marne (1918). Le bataillon rentre en 1919 à Tahiti ou il est dissouts.

En septembre 1940, la Polynésie se rallie à la France libre. La compagnie autonome d'infanterie coloniale de Tahiti, commandée par le capitaine Broche, forme un premier contingent de 300 volontaires qui quitteront les îles sur le croiseur anglais HMS Monowai. Avec 300 volontaires calédoniens et néo-hébridais, ils formeront le " bataillon du Pacifique" qui de Bir-Hakeim à l'Alsace participera à tous les combats de la 1ère Brigade Française Libre, du Corps expéditionnaire en Italie et de la 1ère Armée. Couverts de gloire, les 226 survivants du Bataillon rentreront le 5 mai 1946 avec le fanion le plus décoré de l'armée française pendant le 2ème conflit mondial.

Le 1er juillet 1948 est créé en Nouvelle Calédonie, le Bataillon Mixte d' Infanterie Coloniale du Pacifique, qui en 1958 par changement d'appellation devient le Bataillon d'Infanterie de Marine du Pacifique, le BIMaP.

Jusqu'en 1962, les troupes de Tahiti forment un détachement qui dépend de Nouméa mais le 1er janvier 1963, ce détachement devient autonome et le Bataillon d'Infanterie de Marine de Tahiti (BIMaT) est crée. En septembre 1965, une décision ministérielle

Déplacement à "l'huile de bras" au CEN de Tautira ou le zodiac remplace la traditionnelle pirogue à balancier.

Qu'ils soient Tahitiens, Wallisiens, ou Calédoniens, les gens du Pacifique ont toujours eut une réputation de redoutable combattant et de joyeux lurons. Ici des marsouins venus de tout le Pacifique participent à une prise d'Arme au 42ème BCS. à Nouméa.

décrète que les glorieuses traditions du BIMaP seront reprises conjointement par les unités de Tahiti et de Nouvelle-Calédonie. Le BIMaT de Tahiti reçoit alors un drapeau et devient RIMaP/P en juillet 1987 après sa fusion avec le 57ème BCS et le 815ème Bataillon des Transmissions.

De nos jours, le RIMaP/P comprend une CCS, deux compagnies de combat, une compagnie de transmission et d'une compagnie de quartier général. Ces unités sont dispersée sur l'île de Tahiti. Le RIMaP/P gère également le Centre d'Entraînement Commando de Tahiti qui en trois semaine "d'enfer" au paradis forme chaque année 500 stagiaires venus de toutes les Armes. La première semaine se passe au Centre d'Instruction de Montagne de Fare Rau Ape, la seconde au Centre d'Instruction Nautique de Tautira et la troisième comporte un raid de synthèse permettant la restitution savoir-faire acquis. La 1ère compagnie "Les Sauvages" est implantée à Taravao tandis que la 2ème est basée à Arue près de Papeete.

Ces deux compagnies ont participé à l'opération " Nautille" visant à "garder un œil" sur les bateaux et les militants de Greenpeace lors de la dernière campagne de tir nucléaire française à Mururoa. Dans le Pacifique, les distances sont grandes et le RIMaP/P participe à de nombreuses manoeuvres quelquefois avec les "Marines" US d'Hawaï. Les déplacements d'îles en îles se font au moyen des Batral de la Marine Nationale ou par poser d'assaut en Transall. En plein Pacifique le RIMaP/P est le garant de la souveraineté française sur des terres chères au cœur des Troupes de Marine.

Lors d'un exercice, les marsouins d'une des compagnies de combat "giclent" des camions comme tous les soldats du monde.

Une AA-52 mise en batterie en bordure de lagon. Les exercices amphibie sont bien sûr une des priorités opérationnelle du RIMaP/P.

Un cadre en action lors d'un exercice. La fameuse casquette Bigeard est toujours à la mode dans les TDM.

Exercice d'"esquimautage" au CEN ou "tout bon Marsouin doit se sortir de toutes les situations délicates".

SMA (Service Militaire Adapté)

Le Service Militaire Adapté (SMA) est une forme de service national réservé aux départements et territoires d'Outre-mer. Crée aux Antilles-Guyane en 1961, il s'est étendu progressivement à la Réunion (1965), à la Nouvelle-Calédonie (1986), à Mayotte (1988) et à la Polynésie française (1989).

Tout en dispensant une formation militaire et civique aux appelés des DOM-TOM il les prépare à une meilleure insertion dans la vie active, lors de leur retour dans le civil, par une formation professionnelle adaptée. En Guadeloupe par exemple, 85 % des appelés du 2ème RSMA, rendus à la vie civile ont immédiatement retrouvé un emploi. Souvent constituées de jeunes gens "difficiles", les unités du SMA participent également à la mise en valeur des DOM-TOM et sont également mobilisées en cas de catastrophe naturelle grâce à leur engin de génie civil.

Le SMA s'articule en huit formations (voir liste ci-dessous) et comprend 600 cadres métropolitains provenant essentiellement des TDM ou du Génie et qui assurent la formation de plus de 3 000 stagiaires.

Outre les activités militaires (30 % des 10 mois de service), le cycle de formation professionnelle (70 %) enchaîne successivement une période de pré-formation et de remise à niveau scolaire puis à un ou plusieurs modules de formation technique.

La formation dispensée comporte un tronc commun (métier du bâtiment, agriculture, conduite et entretien du parc auto-engin) ainsi que des filières plus spécifique telles que pêche et navigation en Guadeloupe, exploitation forestière en Guyane ou Apiculture en Nouvelle Calédonie.

Très populaire dans les DOM-TOM le SMA sera adapté à la professionnalisation, de l'Armée de Terre.

Seule la formation militaire de base donnera aux appelés du SML, le sens de la discipline et la cohésion de groupe qui plus tard au cours de leur service, leur permettra d'apprendre un métier. Ici des marsouins du 4ème RSMA à Saint Pierre de la Réunion.

Quelques métiers appris au RSMA

Encadrement métallique au 4ème RSMA.

Elevage au 4ème RSMA dans les " hauts" de la Réunion.

Espaces verts au 2ème RSMA de Pointe à Pitre.

Maçonnerie au 2ème RSMA à la Guadeloupe.

Liste des unités du SMA

1er RSMA : Fort de France Martinique.
2ème RMSA : Pointe à Pitre Guadeloupe.
3ème RSMA : Cayenne Guyane.
4ème RSMA : Saint Denis La Réunion.
GMSA : Saint Jean du Maroni Guyane.
Il existe également trois Détachements SMA aux Marquises, à Mayotte et en Nouvelle Calédonie.

L'Assistance Militaire Technique

La plupart de nos anciennes colonies ainsi que le Cambodge, reçoivent de la France une aide et une Assistance Militaire Technique. 91 officiers appartenant aux Troupes de Marine, soit 50 % de l'effectif total de L'AMT dispensent ainsi leur savoir militaire. C'est ainsi qu'on peut trouver un officier portant le "bèret à l'ancre d'or" au milieu d'un peloton de Méharistes Mauritaniens ou attachés à la Garde présidentielle gabonaise ! En Afrique Noire, la flexibilité et l'expérience de ces hommes sachant s'adapter au cadre bien particulier des troupes locales permet des miracles. Un officier détaché en AMT sera conseiller, instructeur, technicien et quelquefois juge militaire ou officier payeur. La plupart vivront une expérience et quelquefois des aventures étonnantes qui contribueront à enrichir le patrimoine des Troupes de Marine. Les unités de la 9ème DIMa et les RPIMa ont également mis sur pieds des DAO (Détachements d'Assistance Operationnelles) ou DIO (Détachement d' Intervention Opérationnelles) afin d'encadrer au bas echellon les troupes locales. Ces détachements composés d'une dizaine de cadres passent quelques mois au sein d'une unité africaine et y partagent la vie de tout les jours

DIO du 6ème RPIMa en action avec l'Armée Centre-africaine.

Séance de tir à Abidjan pour un DAO du 1er RIMa.

Coopération franco djiboutienne entre le 5ème RIAOM et le bataillon d'élite "Goluf" de l'Armée djiboutienne.

Remerciements

La “Colo” ! C’est également un certain art de vivre !

Au général Urwald, Inspecteur des Troupes de Marine

Au général d’aviation Guéniot, aviateur de choc pour son aide à Djibouti.

Au général Champeau passé du “vert Légion” au “Bleu colo”

Au Colonel Durand qui de son bureau parisien lutta contre “vents et marées” pour que ce livre voit le jour.

Au Col Grasser COMTER à Dakar

Au Lt .Col Péchambert surnommé “Monsieur Debay, je m’occupe de tout” ces paroles furent au moins cent fois émises par ce colonel parachutiste, momentanément affecté à un bureau et grand patron logistique de la réalisation de cet ouvrage.

Aux “grand seigneur” de la Colo : général Thorette, au Colonel Sartre, avec mes meilleurs vœux de rétablissement, Colonel Meille, Leclere (3ème RIMa), Sandhal (RICM), Thonier (2ème RIMa), Stabenrath, Michel (RMT), Reglat (8ème RPIMa), Pietrantoni (41ème BIma) Bidard (5ème RIAOM), Biguand (23ème BIMa), Turpin (9ème RIma), Caille (6ème RPIMa), Réglat (8ème RPIMa), Tracqui (21ème RIMa), Cuquel (43ème BIMa), Reydellet (6ème BIMa), pour son fabuleux acceuil colonial à Libreville.

Au Colonel Joleaud “de Djibout à Bazeille”

Aux brillants “seconds” chargés des problèmes sur le terrain. Colonel Stollsteiner, Colonel Pince, commandant Chavancy, commandant Tanguy anticonformiste avec qui j’ai partagé une belle rafale à Sarajevo, Cdt Cavey, Lt Col de Turkheim,

Au Capitaine Lecointre pour l’acceuil de ses “Forbans” au Rwanda et à Sarajevo

A l’adjudant Pedrero, d’Al Salman à Kojnic en passant par Bangui.

Au caporal-chef Poropat en bon voisin.

et à tous ceux que j’ai oublié, du simple marsouin au Chef de Corps.